机床切削加工（车工）专业
国家技能人才培养
工学一体化课程标准

人力资源社会保障部

中国劳动社会保障出版社

图书在版编目（CIP）数据

机床切削加工（车工）专业国家技能人才培养工学一体化课程标准 / 人力资源社会保障部编 . -- 北京：中国劳动社会保障出版社，2023
ISBN 978-7-5167-6189-2

Ⅰ . ①机…　Ⅱ . ①人…　Ⅲ . ①金属切削–人才培养–技工学校–教学参考资料②金属切削–课程标准–技工学校–教学参考资料　Ⅳ . ①TG5

中国国家版本馆 CIP 数据核字（2023）第 228494 号

中国劳动社会保障出版社出版发行

（北京市惠新东街 1 号　邮政编码：100029）

*

北京市艺辉印刷有限公司印刷装订　　新华书店经销

787 毫米 ×1092 毫米　16 开本　6.25 印张　136 千字

2023 年 12 月第 1 版　　2023 年 12 月第 1 次印刷

定价：19.00 元

营销中心电话：400-606-6496

出版社网址：http://www.class.com.cn

http://jg.class.com.cn

人力资源社会保障部办公厅关于印发 31 个专业国家技能人才培养工学一体化 课程标准和课程设置方案的通知

人社厅函〔2023〕152 号

各省、自治区、直辖市及新疆生产建设兵团人力资源社会保障厅（局）：

为贯彻落实《技工教育"十四五"规划》（人社部发〔2021〕86 号）和《推进技工院校工学一体化技能人才培养模式实施方案》（人社部函〔2022〕20 号），我部组织制定了 31 个专业国家技能人才培养工学一体化课程标准和课程设置方案（31 个专业目录见附件），现予以印发。请根据国家技能人才培养工学一体化课程标准和课程设置方案，指导技工院校规范设置课程并组织实施教学，推动人才培养模式变革，进一步提升技能人才培养质量。

附件：31 个专业目录

人力资源社会保障部办公厅

2023 年 11 月 13 日

附件

31 个专业目录

（按专业代码排序）

1. 机床切削加工（车工）专业
2. 数控加工（数控车工）专业
3. 数控机床装配与维修专业
4. 机械设备装配与自动控制专业
5. 模具制造专业
6. 焊接加工专业
7. 机电设备安装与维修专业
8. 机电一体化技术专业
9. 电气自动化设备安装与维修专业
10. 楼宇自动控制设备安装与维护专业
11. 工业机器人应用与维护专业
12. 电子技术应用专业
13. 电梯工程技术专业
14. 计算机网络应用专业
15. 计算机应用与维修专业
16. 汽车维修专业
17. 汽车钣金与涂装专业
18. 工程机械运用与维修专业
19. 现代物流专业
20. 城市轨道交通运输与管理专业
21. 新能源汽车检测与维修专业
22. 无人机应用技术专业
23. 烹饪（中式烹调）专业
24. 电子商务专业
25. 化工工艺专业
26. 建筑施工专业
27. 服装设计与制作专业
28. 食品加工与检验专业
29. 工业设计专业
30. 平面设计专业
31. 环境保护与检测专业

说　明

为贯彻落实《推进技工院校工学一体化技能人才培养模式实施方案》，促进技工院校教学质量提升，推动技工院校特色发展，依据《〈国家技能人才培养工学一体化课程标准〉开发技术规程》，人力资源社会保障部组织有关专家制定了《机床切削加工（车工）专业国家技能人才培养工学一体化课程标准》。

本课程标准的开发工作由人力资源社会保障部技工教育和职业培训教材工作委员会办公室、智能制造与智能装备类技工教育和职业培训教学指导委员会共同组织实施。具体开发单位有：组长单位开封技师学院，参与单位（按照笔画排序）广西机电技师学院、宁都技师学院、江门市技师学院、江苏省盐城技师学院、江苏省常州技师学院、青岛市技师学院、河南技师学院、清远市技师学院。主要开发人员有：何宏伟、张洪喜、李红波、唐杰、陈小芳、张文、唐薇薇、张炳培、管林东、王卫国、臧强鑫、岳云斌、崔桂发、栾虞勇、李兆祥、谢进军、邓德红、欧香龙等，其中何宏伟为主要执笔人。

此外，富泰华精密电子（郑州）有限公司马志威、河南中联重科智能农机有限责任公司付永帅、芜湖奇瑞科技有限公司梁楠等作为企业专家，协助开发单位共同完成了本专业培养目标的确定、典型工作任务的提炼和描述等工作。

本课程标准的评审专家有：江苏省常州技师学院陈立群、上海库茂机器人有限公司俞俊承、宁都技师学院曾娟、宁波技师学院裘红军、广西工业技师学院黄海、黑龙江技师学院姜波、承德技师学院陈信。

在本课程标准的开发过程中，江苏省常州技师学院周晓峰作为技术指导专家提供了全程技术指导，中国人力资源和社会保障出版集团提供了技术支持并承担了编辑出版工作。此外，在本课程标准的试用过程中，技工院校一线教师、相关领域专家等提出了很好的意见建议，在此一并表示诚挚的谢意。

本课程标准业经人力资源社会保障部批准，自公布之日起执行。

目　录

一、专业信息

（一）专业名称

机床切削加工（车工）

（二）专业编码

机床切削加工（车工）专业中级：0101-4

机床切削加工（车工）专业高级：0101-3

机床切削加工（车工）专业预备技师（技师）：0101-2

（三）学习年限

机床切削加工（车工）专业中级：初中起点三年

机床切削加工（车工）专业高级：高中起点三年、初中起点五年

机床切削加工（车工）专业预备技师（技师）：高中起点四年、初中起点六年

（四）就业方向

中级技能层级：面向机械加工制造行业企业就业，适应机械加工职业岗位群（如车工、数控车工、铣工、钳工等）工作岗位要求，胜任简单零件钳加工、简单零件普通车床加工、简单零件普通铣床加工、简单零件数控车床加工等工作任务。

高级技能层级：面向机械加工制造行业企业就业，适应机械加工职业岗位群（如车工、数控车工、铣工、钳工、质量检测员等）工作岗位要求，胜任复杂零件普通车床加工、车床精度检测与调整、零件数控车床编程与加工、零件辅助设计与制造、产品质量检测与管理等工作任务。

预备技师（技师）层级：面向机械加工制造行业企业就业，适应机械加工职业岗位群（如车工、数控车工、铣工、钳工、质量检测员、工艺编制员、技术主管、车间管理员等）工作岗位要求，胜任特殊零件普通车床加工与工艺编制、车床夹具设计与制作、操作现场指导与技术培训等工作任务。

（五）职业资格/职业技能等级

机床切削加工（车工）专业中级：车工（普通车床）四级/中级工

机床切削加工（车工）专业高级：车工（普通车床）三级/高级工

机床切削加工（车工）专业预备技师（技师）：车工（普通车床）二级/技师

二、培养目标和要求

（一）培养目标

1. 总体目标

培养面向机械加工制造行业企业就业，适应机械加工职业岗位群（如车工、数控车工、铣工、钳工、质量检测员、工艺编制员、技术主管、车间管理员等）工作岗位要求，胜任简单零件钳加工、简单零件普通车床加工、简单零件普通铣床加工、简单零件数控车床加工、复杂零件普通车床加工、车床精度检测与调整、零件数控车床编程与加工、零件辅助设计与制造、产品质量检测与管理、特殊零件普通车床加工与工艺编制、车床夹具设计与制作、操作现场指导与技术培训等工作任务，具备自主学习、自我管理、信息检索、理解与表达、交往与合作、创新思维、解决问题等通用能力，安全意识、质量意识、规范意识、效率意识、成本意识、环保意识、市场意识、服务意识等职业素养，以及劳模精神、劳动精神、工匠精神等思政素养的技能人才。

2. 中级技能层级

培养面向机械加工制造行业企业就业，适应机械加工职业岗位群（如车工、数控车工、铣工、钳工等）工作岗位要求，胜任简单零件钳加工、简单零件普通车床加工、简单零件普通铣床加工、简单零件数控车床加工等工作任务，具备自主学习、自我管理、信息检索、理解与表达、交往与合作、创新思维、解决问题等通用能力，安全意识、质量意识、规范意识、效率意识、成本意识、环保意识、市场意识、服务意识等职业素养，以及劳模精神、劳动精神、工匠精神等思政素养的技能人才。

3. 高级技能层级

培养面向机械加工制造行业企业就业，适应机械加工职业岗位群（如车工、数控车工、铣工、钳工、质量检测员等）工作岗位要求，胜任复杂零件普通车床加工、车床精度检测与调整、零件数控车床编程与加工、零件辅助设计与制造、产品质量检测与管理等工作任务，具备自主学习、自我管理、信息检索、理解与表达、交往与合作、创新思维、解决问题等通用能力，安全意识、质量意识、规范意识、效率意识、成本意识、环保意识、市场意识、服务意识等职业素养，以及劳模精神、劳动精神、工匠精神等思政素养的技能人才。

4. 预备技师（技师）层级

培养面向机械加工制造行业企业就业，适应机械加工职业岗位群（如车工、数控车工、铣工、钳工、质量检测员、工艺编制员、技术主管、车间管理员等）工作岗位要求，胜任特殊零件普通车床加工与工艺编制、车床夹具设计与制作、操作现场指导与技术培训等工作任务，具备自主学习、自我管理、信息检索、理解与表达、交往与合作、创新思维、解决问题等通用能力，安全意识、质量意识、规范意识、效率意识、成本意识、环保意识、市场意识、服务意识等职业素养，以及劳模精神、劳动精神、工匠精神等思政素养的技能人才。

（二）培养要求

机床切削加工（车工）专业技能人才培养要求见下表。

机床切削加工（车工）专业技能人才培养要求表

培养层级	典型工作任务	职业能力要求
中级技能	简单零件钳加工	1. 能依据工程制图、机械制图等方面的国家技术标准，阅读工作任务单，读懂钳加工零件（如开瓶器、錾口手锤等）图样，明确工作任务和技术要求。 2. 能依据钳加工操作规程和维护保养要求，根据工作任务单，明确零件钳加工的加工流程，形成工作方案。 3. 能依据钳加工工艺手册的工艺要求，结合加工材料特性和零件图样，协同制定加工工艺，正确领取所需工具、量具、刀具及辅具，检查设备的完好性，形成加工工艺卡。 4. 能依据工作方案，按照产品图样和工艺流程，严格遵守车间安全生产制度和钳加工安全操作规范，在规定时间内采用划线、锉削、锯削、錾削、钻孔、扩孔、攻螺纹和套螺纹等方法完成开瓶器和錾口手锤制作任务，形成零件成品。 5. 能按照产品质量检验单要求，使用通用量具、专用量具、表面粗糙度测量仪等规范地进行相应的自检，在工作任务单上正确填写加工完成的时间、加工记录以及自检结果并进行产品质量分析，形成优化方案，提高产品质量和生产效率。 6. 能遵守现场管理制度、《中华人民共和国固体废物污染环境防治法》、环保管理制度、废弃物管理规定及常用量具的保养规范，完成加工现场的整理、设备和工量刃具的维护保养、工作日志的填写等工作。 7. 能按照企业操作规范、车间安全生产制度规定要求，具备自我约束、服从管理、尊重他人、有效沟通与合作的职业素养，创造积极向上的工作氛围。 8. 能按照工作成果汇报展示要求，利用多媒体设备和专业术语展示工作成果，形成汇报展示课件。
	简单零件普通车床加工	1. 能依据工程制图、机械制图等方面的国家技术标准，阅读工作任务单，读懂简单普通车床加工零件（如销轴、齿轮轴、衬套、锥齿轮、变径套、手柄、螺栓、螺母、管接头、阀杆、拔销器、千斤顶、万向节等）图样，明确工作任务和技术要求。

培养层级	典型工作任务	职业能力要求
中级技能	简单零件普通车床加工	2. 能依据车床操作规程和维护保养要求，根据工作任务单，明确普通车床的加工流程，形成工作方案。 3. 能依据普通车床加工工艺手册的工艺要求，结合加工材料特性和零件图样，协同制定加工工艺，正确领取所需工量刃具及辅具，检查设备的完好性，形成加工工艺卡。 4. 能依据工作方案，按照产品图样和工艺流程，严格遵守车间安全生产制度和简单零件普通车床加工安全操作规范，在规定时间内采用加工内外圆柱面、端面、锥面、沟槽和螺纹等的方法完成销轴、齿轮轴、衬套、锥齿轮、变径套、手柄、螺栓、螺母、管接头、阀杆、拔销器、千斤顶、万向节等加工任务，形成零件成品。 5. 能按照产品质量检验单要求，使用通用量具、专用量具、表面粗糙度测量仪等规范地进行相应的自检，在工作任务单上正确填写加工完成的时间、加工记录以及自检结果并进行产品质量分析，形成优化方案，提高产品质量和生产效率。 6. 能遵守现场管理制度、《中华人民共和国固体废物污染环境防治法》、环保管理制度、废弃物管理规定及常用量具的保养规范，完成加工现场的整理、设备和工量刃具的维护保养、工作日志的填写等工作。 7. 能按照企业操作规范、车间安全生产制度规定要求，具备自我约束、服从管理、尊重他人、有效沟通与合作的职业素养，创造积极向上的工作氛围。 8. 能按照工作成果汇报展示要求，利用多媒体设备和专业术语展示工作成果，形成汇报展示课件。
	简单零件普通铣床加工	1. 能依据工程制图、机械制图等方面的国家技术标准，阅读工作任务单，读懂简单普通铣床加工零件（如垫铁、T形螺母、压板等）图样，明确工作任务和技术要求。 2. 能依据铣床操作规程和维护保养要求，根据工作任务单，明确普通铣床的加工流程，形成工作方案。 3. 能依据普通铣床加工工艺手册的工艺要求，结合加工材料特性和零件图样，协同制定加工工艺，正确领取所需工量刃具及辅具，检查设备的完好性，形成加工工艺卡。 4. 能依据工作方案，按照产品图样和工艺流程，严格遵守车间安全生产制度和普通铣床加工安全操作规范，在规定时间内采用划线、铣削、钻孔、攻螺纹等方法完成垫铁、T形螺母、压板等零件加工任务，形成零件成品。

培养层级	典型工作任务	职业能力要求
	简单零件普通铣床加工	5. 能按照产品质量检验单要求，使用通用量具、专用量具、表面粗糙度测量仪等规范地进行相应的自检，在工作任务单上正确填写加工完成的时间、加工记录以及自检结果并进行产品质量分析，形成优化方案，提高产品质量和生产效率。 6. 能遵守现场管理制度、《中华人民共和国固体废物污染环境防治法》、环保管理制度、废弃物管理规定及常用量具的保养规范，完成加工现场的整理、设备和工量刃具的维护保养、工作日志的填写等工作。 7. 能按照企业操作规范、车间安全生产制度规定要求，具备自我约束、服从管理、尊重他人、有效沟通与合作的职业素养，创造积极向上的工作氛围。 8. 能按照工作成果汇报展示要求，利用多媒体设备和专业术语展示工作成果，形成汇报展示课件。
中级技能	简单零件数控车床加工	1. 能依据工程制图、机械制图等方面的国家技术标准，阅读工作任务单，读懂简单数控车床加工零件（如销轴、衬套等）图样，明确工作任务和技术要求。 2. 能依据数控车床操作规程和维护保养要求，根据工作任务单，明确数控车床的加工流程，形成工作方案。 3. 能依据数控车床加工工艺手册的工艺要求，结合加工材料特性和零件图样，正确领取所需工量刃具及辅具，检查设备的完好性，形成加工工艺卡。 4. 能依据工作方案，按照产品图样和工艺流程，严格遵守车间安全生产制度和数控车床安全操作规范，在规定时间内采用直线插补指令、圆弧插补指令、辅助功能等完成销轴、衬套等零件加工任务，形成零件成品。 5. 能按照产品质量检验单要求，使用通用量具、专用量具、表面粗糙度测量仪等规范地进行相应的自检，在工作任务单上正确填写加工完成的时间、加工记录以及自检结果并进行产品质量分析，形成优化方案，提高产品质量和生产效率。 6. 能遵守现场管理制度、《中华人民共和国固体废物污染环境防治法》、环保管理制度、废弃物管理规定及常用量具的保养规范，完成加工现场的整理、设备和工量刃具的维护保养、工作日志的填写等工作。 7. 能按照企业操作规范、车间安全生产制度规定要求，具备自我约束、服从管理、尊重他人、有效沟通与合作的职业素养，创造积极向上的工作氛围。

培养层级	典型工作任务	职业能力要求
中级技能	简单零件数控车床加工	8. 能按照工作成果汇报展示要求，利用多媒体设备和专业术语展示工作成果，形成汇报展示课件。
高级技能	复杂零件普通车床加工	1. 能依据工程制图、机械制图等方面的国家技术标准，阅读工作任务单，读懂复杂普通车床加工零件（如丝杠、螺母、蜗杆、锁紧轴、偏心套、轴承外圈、车床光杠、十字轴、回转顶尖等）图样，与班组管理等相关人员进行专业沟通，明确工作任务和技术要求。 2. 能依据普通车床操作规程和维护保养要求，根据工作任务单，明确普通车床的加工流程，形成工作方案。 3. 能依据车床加工工艺手册的工艺要求，结合加工材料特性和零件图样，协同制定加工工艺，正确领取所需工量刃具及辅具，检查设备的完好性，编制加工工序卡。 4. 能依据工作方案，按照产品图样和工艺流程，严格遵守车间安全生产制度和车床安全操作规范，在规定时间内采用加工内外梯形螺纹、蜗杆、内外偏心、薄壁、细长轴等的方法，完成丝杠、螺母、蜗杆、锁紧轴、偏心套、轴承外圈、车床光杠、十字轴、回转顶尖等零件的普通车床加工任务，形成零件成品。 5. 能按照产品质量检验单要求，使用通用量具、专用量具、表面粗糙度测量仪等规范地进行相应的自检，在工作任务单上正确填写加工完成的时间、加工记录以及自检结果并进行产品质量分析，形成优化方案，提高产品质量和生产效率。 6. 能遵守现场管理制度、《中华人民共和国固体废物污染环境防治法》、环保管理制度、废弃物管理规定及常用量具的保养规范，完成加工现场的整理、设备和工量刃具的维护保养、工作日志的填写等工作。 7. 能按照企业操作规范、车间安全生产制度规定要求，具备自我约束、服从管理、尊重他人、有效沟通与合作的职业素养，创造积极向上的工作氛围。 8. 能按照工作成果汇报展示要求，利用多媒体设备和专业术语展示工作成果，形成汇报展示课件。
	车床精度检测与调整	1. 能依据工作任务单，与生产主管等相关人员进行有效沟通，阅读工作任务单，读懂车床精度检测与调整相关图样，与班组管理等相关人员进行专业沟通，明确工作任务和技术要求。 2. 能依据工作任务单的要求，明确车床精度检测与调整操作流程，形成工作方案。

培养层级	典型工作任务	职业能力要求
高级技能	车床精度检测与调整	3. 能按照车床精度检测与调整的工作流程与规范，编制设备检测与调整工序卡。 4. 能依据工作方案，按照车床精度检测与调整流程，严格遵守车间安全生产制度和车床安全操作规范，在规定时间内采用工具、量具、量仪、样件、试件等，完成新车床验收、车床精度检测、车床精度调整任务，并确认后提交生产部门。 5. 能按照机床质量检验单要求，使用通用量具、专用量具、表面粗糙度测量仪等规范地进行相应的自检，在工作任务单上正确填写工作完成的时间、工作记录以及自检结果并进行质量分析，形成优化方案，提高质量和效率。 6. 能遵守现场管理制度、《中华人民共和国固体废物污染环境防治法》、环保管理制度、废弃物管理规定及常用量具的保养规范，完成加工现场的整理、设备和工量刃具的维护保养、工作日志的填写等工作。 7. 能按照企业操作规范、车间安全生产制度规定要求，具备自我约束、服从管理、尊重他人、有效沟通与合作的职业素养，创造积极向上的工作氛围。 8. 能按照工作成果汇报展示要求，利用多媒体设备和专业术语展示工作成果，形成汇报展示课件。
	零件数控车床编程与加工	1. 能依据工程制图、机械制图等方面的国家技术标准，阅读工作任务单，读懂零件（如传动轴、螺栓、车床手柄等）数控车床编程与加工图样，与班组管理等相关人员进行专业沟通，明确工作任务和技术要求。 2. 能依据数控车床操作规程和维护保养要求，根据工作任务单，明确数控车床的加工流程，形成工作方案。 3. 能依据数控加工工艺手册的工艺要求，结合加工材料特性和零件图样，协同制定加工工艺，正确领取所需工量刃具及辅具，检查设备的完好性，编制加工工序卡。 4. 能依据工作方案，按照产品图样和工艺流程，严格遵守车间安全生产制度和数控车床安全操作规范，在规定时间内采用直线插补指令、圆弧插补指令、固定循环指令、复合循环指令、辅助功能等完成传动轴、螺栓、车床手柄等零件的数控车床加工任务，形成零件成品。 5. 能按照产品质量检验单要求，使用通用量具、专用量具、表面粗糙度测量仪等规范地进行相应的自检，在工作任务单上正确填写加工完成的时间、加工记录以及自检结果并进行产品质量分析，形成优化方案，提高产品质量和生产效率。

培养层级	典型工作任务	职业能力要求
	零件数控车床编程与加工	6. 能遵守现场管理制度、《中华人民共和国固体废物污染环境防治法》、环保管理制度、废弃物管理规定及常用量具的保养规范，完成加工现场的整理、设备和工量刃具的维护保养、工作日志的填写等工作。 7. 能按照企业操作规范、车间安全生产制度规定要求，具备自我约束、服从管理、尊重他人、有效沟通与合作的职业素养，创造积极向上的工作氛围。 8. 能按照工作成果汇报展示要求，利用多媒体设备和专业术语展示工作成果，形成汇报展示课件。
高级技能	零件辅助设计与制造	1. 能依据工程制图、机械制图等方面的国家技术标准，阅读工作任务单，读懂零件辅助设计与制造相关图样，与班组管理等相关人员进行专业沟通，明确工作任务和技术要求。 2. 能依据计算机操作规程和维护保养要求，根据工作任务单，明确CAD/CAM 的编程与操作流程，形成工作方案。 3. 能依据 CAD/CAM 使用手册的绘图要求，结合加工材料特性和零件图样，协同制定加工工艺，正确领取所需工量刃具及辅具，检查设备的完好性，编制加工工序卡。 4. 能依据工作方案，按照产品图样和工艺流程，严格遵守车间安全生产制度和计算机安全操作规范，在规定时间内采用 CAD/CAM 软件完成锉刀手柄的造型、锉刀手柄辅助编程与加工任务，形成零件成品。 5. 能按照产品质量检验单要求，使用通用量具、专用量具、三坐标测量机、表面粗糙度测量仪等规范地进行相应的自检，在工作任务单上正确填写加工完成的时间、加工记录以及自检结果并进行产品质量分析，形成优化方案，提高产品质量和生产效率。 6. 能遵守现场管理制度、《中华人民共和国固体废物污染环境防治法》、环保管理制度、废弃物管理规定及常用量具的保养规范，完成加工现场的整理、设备和工量刃具的维护保养、工作日志的填写等工作。 7. 能按照企业操作规范、车间安全生产制度规定要求，具备自我约束、服从管理、尊重他人、有效沟通与合作的职业素养，创造积极向上的工作氛围。 8. 能按照工作成果汇报展示要求，利用多媒体设备和专业术语展示工作成果，形成汇报展示课件。
	产品质量检测与管理	1. 能依据工作任务单，与生产主管等相关人员进行有效沟通，阅读工作任务单，读懂零件（如齿轮轴、变径套、千斤顶、丝杠、曲轴等）质量检测图样，与班组管理等相关人员进行专业沟通，明确工作任务和技术要求。

培养层级	典型工作任务	职业能力要求
高级技能	产品质量检测与管理	2. 能依据工作任务单内容和检测要求，明确产品检测操作流程，形成工作方案。 3. 能依据工作方案，结合检测零件的特性和零件图样，协同制定检测流程，正确领取所需工量刃具及辅具，检查设备的完好性，形成检测工序卡。 4. 能依据产品质量检测与管理的工作流程与规范，严格遵守车间安全生产制度和检测操作规范，在规定时间内采用工具、量具与量仪、检测设备等，完成齿轮轴、变径套、千斤顶、丝杠、曲轴质量检测与管理任务。 5. 能按照产品质量检验单要求，使用通用量具、专用量具、表面粗糙度测量仪等规范地进行相应的自检，在工作任务单上正确填写检测完成的时间、检测记录并进行产品质量分析，形成优化方案，提高产品质量和生产效率。 6. 能遵守现场管理制度、《中华人民共和国固体废物污染环境防治法》、环保管理制度、废弃物管理规定及常用量具的保养规范，完成检测现场的整理、设备和工量刃具的维护保养、工作日志的填写等工作。 7. 能按照企业操作规范、车间安全生产制度规定要求，具备自我约束、服从管理、尊重他人、有效沟通与合作的职业素养，创造积极向上的工作氛围。 8. 能按照工作成果汇报展示要求，利用多媒体设备和专业术语展示工作成果，形成汇报展示课件。
预备技师（技师）	特殊零件普通车床加工与工艺编制	1. 能依据工程制图、机械制图等方面的国家技术标准，阅读工作任务单，读懂特殊零件（如多线蜗杆轴、曲轴、液压缸体、壳体、不锈钢螺栓等）普通车床加工图样，与班组管理等相关人员进行专业沟通，明确工作任务和技术要求。 2. 能依据普通车床操作规程和维护保养要求，根据工作任务单，明确普通车床的加工流程，形成工作方案。 3. 能依据车削加工工艺手册的工艺要求，结合加工材料特性和零件图样，制定加工工艺，正确领取所需工量刃具及辅具，检查设备的完好性，编制加工工序卡。 4. 能依据工作方案，按照产品图样和工艺流程，严格遵守车间安全生产制度和车床安全操作规范，完成多线蜗杆轴、曲轴、液压缸体、壳体、不锈钢螺栓等零件的普通车床加工任务，形成零件成品。 5. 能按照产品质量检验单要求，使用通用量具、专用量具、三坐标测量机、表面粗糙度测量仪等规范地进行相应的自检，在工作任务单上正确填

培养层级	典型工作任务	职业能力要求
预备技师 （技师）	特殊零件普通车床加工与工艺编制	写加工完成的时间、加工记录以及自检结果并进行产品质量分析，形成优化方案，提高产品质量和生产效率。 6. 能遵守现场管理制度、《中华人民共和国固体废物污染环境防治法》、环保管理制度、废弃物管理规定及常用量具的保养规范，完成加工现场的整理、设备和工量刃具的维护保养、工作日志的填写等工作。 7. 能按照企业操作规范、车间安全生产制度规定要求，具备自我约束、服从管理、尊重他人、有效沟通与合作的职业素养，创造积极向上的工作氛围。 8. 能按照工作成果汇报展示要求，利用多媒体设备和专业术语展示工作成果，形成汇报展示课件。
	车床夹具设计与制作	1. 能依据工程制图、机械制图等方面的国家技术标准，阅读工作任务单，读懂车床夹具（如薄壁衬套、齿轮泵壳体等零件夹具）设计与制作图样，与班组管理等相关人员进行专业沟通，明确工作任务和技术要求。 2. 能依据普通车床操作规程和维护保养要求，根据工作任务单，明确普通车床的加工流程，形成工作方案。 3. 能依据车削加工工艺手册的工艺要求，结合加工材料特性、零件图样和工装夹具图样，协同制定加工工艺，正确领取所需工量刃具及辅具，检查设备的完好性，编制加工工序卡。 4. 能依据工作方案，按照产品图样和工艺流程，严格遵守车间安全生产制度和车床安全操作规范，完成薄壁衬套、齿轮泵壳体等零件的工装夹具设计与制作任务，并利用工装夹具形成零件成品。 5. 能按照产品质量检验单要求，使用通用量具、专用量具、三坐标测量机、表面粗糙度测量仪等规范地进行相应的自检，在工作任务单上正确填写加工完成的时间、加工记录以及自检结果并进行产品质量分析，形成优化方案，提高产品质量和生产效率。 6. 能遵守现场管理制度、《中华人民共和国固体废物污染环境防治法》、环保管理制度、废弃物管理规定及常用量具的保养规范，完成加工现场的整理、设备和工量刃具的维护保养、工作日志的填写等工作。 7. 能按照企业操作规范、车间安全生产制度规定要求，具备自我约束、服从管理、尊重他人、有效沟通与合作的职业素养，创造积极向上的工作氛围。 8. 能按照工作成果汇报展示要求，利用多媒体设备和专业术语展示工作成果，形成汇报展示课件。

培养层级	典型工作任务	职业能力要求
预备技师（技师）	操作现场指导与技术培训	1. 操作现场指导 （1）能在进行生产质量现场管理过程中，根据作业规范和管理制度，及时发现和纠正中、高级车工违规操作、工作流程错误等问题，确保工作质量，消除安全隐患。 （2）能按照岗位工作职责的要求，分析和解答中、高级车工在操作过程中遇到的技术方面的疑难问题，并根据作业规范与技术标准，采取现场讲解、示范操作、小组研讨等方法对操作工进行指导，提升其操作技术水平。 （3）能通过检查中、高级车工的作业流程、作业规范及作业质量，判断其安全规范作业习惯的养成情况和操作技能的提升情况，并做好考核记录。 2. 技术培训 （1）能与培训主管等相关人员进行有效沟通，明确培训内容、时间和要求。 （2）能根据企业需求制定培训方案。 （3）能依据培训方案，培训员工达到中、高级工的技能水平。 （4）能规范地填写工作记录表，并对培训方案及工作流程提出改进建议。 （5）能对工作进行总结，并及时提交培训主管，按照现场管理规定整理作业现场。 （6）能遵守职业道德，具备环保意识和成本意识，养成爱护设备设施、文明生产等良好的职业素养。

三、培养模式

（一）培养体制

依据职业教育有关法律法规和校企合作、产教融合相关政策要求，按照技能人才成长规律，紧扣本专业技能人才培养目标，结合学校办学实际情况，成立专业建设指导委员会。通过整合校企双方优质资源，制定校企合作管理办法，签订校企合作协议，推进校企共创培养模式、共同招生招工、共商专业规划、共议课程开发、共组师资队伍、共建实训基地、共搭管理平台、共评培养质量的"八个共同"，实现本专业高素质技能人才的有效培养。

（二）运行机制

1. 中级技能层级

中级技能层级宜采用"学校为主、企业为辅"的校企合作运行机制。

校企双方根据机床切削加工（车工）专业中级技能人才特征，建立适应中级技能层级的运行机制。一是结合中级技能层级工学一体化课程以执行定向任务为主的特点，研讨校企协同育人方法路径，共同制定和采用"学校为主、企业为辅"的培养方案，共创培养模式；二是发挥各自优势，按照人才培养目标要求，以初中生源为主，制订招生招工计划，通过开设企业订单班等措施，共同招生招工；三是对接本领域行业协会和标杆企业，紧跟本产业发展趋势、技术更新和生产方式变革，紧扣企业岗位能力最新要求，以学校为主推进专业优化调整，共商专业规划；四是围绕就业导向和职业特征，结合本地本校办学条件和学情，推进本专业工学一体化课程标准校本转化，进行学习任务二次设计、教学资源开发，共议课程开发；五是发挥学校教师专业教学能力和企业技术人员工作实践能力优势，通过推进教师开展企业工作实践、聘用企业技术人员开展学校教学实践等方式，以学校教师为主、企业兼职教师为辅，共组师资队伍；六是基于一体化学习工作站和校内实训基地建设，规划建设集校园文化与企业文化、学习过程与工作过程为一体的校内外学习环境，共建实训基地；七是基于一体化学习工作站、校内实训基地等学习环境，参照企业管理规范，突出企业在职业认知、企业文化、就业指导等职业素养养成层面的作用，共搭管理平台；八是根据本层级人才培养目标、国家职业标准和企业用人要求，制定评价标准，对学生职业能力、职业素养和职业技能等级实施评价，共评培养质量。

基于上述运行机制，校企双方共同推进本专业中级技能人才综合职业能力培养，并在培养目标、培养过程、培养评价中实施学生相应通用能力、职业素养和思政素养的培养。

2. 高级技能层级

高级技能层级宜采用"校企双元、人才共育"的校企合作运行机制。

校企双方根据机床切削加工（车工）专业高级技能人才特征，建立适应高级技能层级的运行机制。一是结合高级技能层级工学一体化课程以解决系统性问题为主的特点，研讨校企协同育人方法路径，共同制定和采用"校企双元、人才共育"的培养方案，共创培养模式；二是发挥各自优势，按照人才培养目标要求，以初中、高中、中职生源为主，制订招生招工计划，通过开设校企双制班、企业订单班等措施，共同招生招工；三是对接本领域行业协会和标杆企业，紧跟本产业发展趋势、技术更新和生产方式变革，紧扣企业岗位能力最新要求，合力制定专业建设方案，推进专业优化调整，共商专业规划；四是围绕就业导向和职业特征，结合本地本校办学条件和学情，推进本专业工学一体化课程标准的校本转化，进行学习任务二次设计、教学资源开发，共议课程开发；五是发挥学校教师专业教学能力和企业技术人员工作实践能力优势，通过推进教师开展企业工作实践、聘请企业技术人员为兼职教师等方式，涵盖学校专业教师和企业兼职教师，共组师资队伍；六是以一体化学习工作站和校内外实训基地为基础，共同规划建设兼具实践教学功能和生产服务功能的大师工作室，集校园文化与企业文化、学习过程与工作过程为一体的校内外学习环境，创建产教深度融合的产业学院等，共建实训基地；七是基于一体化学习工作站、校内外实训基地等学习环境，参照企业管理机制，组建校企管理队伍，明确校企双方责任权利，推进人才培养全过程校企协同管理，共搭管理平台；八是根据本层级人才培养目标、国家职业标准和企业用人要求，共同

机床切削加工（车工）专业

国家技能人才培养
工学一体化课程设置方案

人力资源社会保障部

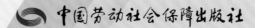

中国劳动社会保障出版社

机床切削加工（车工）专业
国家技能人才培养
工学一体化课程设置方案

人力资源社会保障部

中国劳动社会保障出版社

人力资源社会保障部办公厅关于印发 31 个专业国家技能人才培养工学一体化 课程标准和课程设置方案的通知

人社厅函〔2023〕152 号

各省、自治区、直辖市及新疆生产建设兵团人力资源社会保障厅（局）：

为贯彻落实《技工教育"十四五"规划》（人社部发〔2021〕86 号）和《推进技工院校工学一体化技能人才培养模式实施方案》（人社部函〔2022〕20 号），我部组织制定了 31 个专业国家技能人才培养工学一体化课程标准和课程设置方案（31 个专业目录见附件），现予以印发。请根据国家技能人才培养工学一体化课程标准和课程设置方案，指导技工院校规范设置课程并组织实施教学，推动人才培养模式变革，进一步提升技能人才培养质量。

　　附件：31 个专业目录

人力资源社会保障部办公厅

2023 年 11 月 13 日

31 个专业目录

（按专业代码排序）

1. 机床切削加工（车工）专业
2. 数控加工（数控车工）专业
3. 数控机床装配与维修专业
4. 机械设备装配与自动控制专业
5. 模具制造专业
6. 焊接加工专业
7. 机电设备安装与维修专业
8. 机电一体化技术专业
9. 电气自动化设备安装与维修专业
10. 楼宇自动控制设备安装与维护专业
11. 工业机器人应用与维护专业
12. 电子技术应用专业
13. 电梯工程技术专业
14. 计算机网络应用专业
15. 计算机应用与维修专业
16. 汽车维修专业
17. 汽车钣金与涂装专业
18. 工程机械运用与维修专业
19. 现代物流专业
20. 城市轨道交通运输与管理专业
21. 新能源汽车检测与维修专业
22. 无人机应用技术专业
23. 烹饪（中式烹调）专业
24. 电子商务专业
25. 化工工艺专业
26. 建筑施工专业
27. 服装设计与制作专业
28. 食品加工与检验专业
29. 工业设计专业
30. 平面设计专业
31. 环境保护与检测专业

机床切削加工（车工）专业
国家技能人才培养
工学一体化课程设置方案

一、适用范围

本方案适用于技工院校工学一体化技能人才培养模式各技能人才培养层级，包括初中起点三年中级技能、高中起点三年高级技能、初中起点五年高级技能、高中起点四年预备技师（技师）、初中起点六年预备技师（技师）等培养层级。

二、基本要求

（一）课程类别

本专业开设课程由公共基础课程、专业基础课程、工学一体化课程、选修课程构成。其中，公共基础课程依据人力资源社会保障部颁布的《技工院校公共基础课程方案（2022 年）》开设，工学一体化课程依据人力资源社会保障部颁布的《机床切削加工（车工）专业国家技能人才培养工学一体化课程标准》开设。

（二）学时要求

每学期教学时间一般为 20 周，每周学时一般为 30 学时。

各技工院校可根据所在地区行业企业发展特点和校企合作实际情况，对专业课程（专业基础课程和工学一体化课程）设置进行适当调整，调整量不应超过 30%。

三、课程设置

课程类别	课程名称
公共基础课程	思想政治
	语文
	历史
	数学
	英语
	数字技术应用
	体育与健康
	美育
	劳动教育
	通用职业素质
	物理
	其他
专业基础课程	机械制图
	机械基础
	极限配合与技术测量
	金属材料与热处理
	机械制造工艺基础
	电工学
工学一体化课程	简单零件钳加工
	简单零件普通车床加工
	简单零件普通铣床加工
	简单零件数控车床加工
	复杂零件普通车床加工
	车床精度检测与调整
	零件数控车床编程与加工
	零件辅助设计与制造

课程类别	课程名称
工学一体化课程	产品质量检测与管理
	特殊零件普通车床加工与工艺编制
	车床夹具设计与制作
	操作现场指导与技术培训
选修课程	工程力学
	液压传动与气动技术
	机床电气控制
	金属切削原理与刀具
	机床夹具
	车铣复合加工
	技师综合实践与毕业设计指导

四、教学安排建议

（一）中级技能层级课程表（初中起点三年）

课程类别	课程名称	参考学时	学期					
			第1学期	第2学期	第3学期	第4学期	第5学期	第6学期
公共基础课程	思想政治	144	√	√	√	√		
	语文	198	√	√	√			
	历史	72	√	√				
	数学	90	√	√				
	英语	90			√	√		
	数字技术应用	72	√	√				
	体育与健康	108	√	√	√	√	√	
	美育	18	√					
	劳动教育	48	√	√	√	√		

课程类别	课程名称	参考学时	学期					
			第1学期	第2学期	第3学期	第4学期	第5学期	第6学期
公共基础课程	通用职业素质	90		√	√	√		
	物理	36			√			
	其他	18	√	√	√			
专业基础课程	机械制图	180	√	√	√			
	机械基础	120		√	√			
	极限配合与技术测量	60	√					
	金属材料与热处理	90	√	√				
	机械制造工艺基础	90				√	√	
	电工学	60				√		
工学一体化课程	简单零件钳加工	120	√					
	简单零件普通车床加工	480	√	√	√			
	简单零件普通铣床加工	180				√		
	简单零件数控车床加工	180					√	
机动		456						
岗位实习								√
总学时		3 000						

注："√"表示相应课程建议开设的学期，后同。

（二）高级技能层级课程表（高中起点三年）

课程类别	课程名称	参考学时	学期					
			第1学期	第2学期	第3学期	第4学期	第5学期	第6学期
公共基础课程	思想政治	144	√	√	√	√		
	语文	72	√	√				
	数学	54	√	√				
	英语	90		√	√	√		

课程类别	课程名称	参考学时	学期					
			第1学期	第2学期	第3学期	第4学期	第5学期	第6学期
公共基础课程	数字技术应用	72	√	√				
	体育与健康	90	√	√	√	√	√	
	美育	18	√					
	劳动教育	48	√	√	√	√		
	通用职业素质	90		√	√	√		
	其他	18	√	√	√			
专业基础课程	机械制图	120	√	√				
	机械基础	80		√	√			
	极限配合与技术测量	40	√					
	金属材料与热处理	60		√				
	机械制造工艺基础	60				√		
	电工学	60				√		
工学一体化课程	简单零件钳加工	90	√					
	简单零件普通车床加工	420	√	√				
	简单零件普通铣床加工	150		√				
	简单零件数控车床加工	150			√			
	复杂零件普通车床加工	360			√	√		
	车床精度检测与调整	60					√	
	零件数控车床编程与加工	150					√	
	零件辅助设计与制造	120				√		
	产品质量检测与管理	90					√	
机动		294						
岗位实习								√
总学时		3 000						

（三）高级技能层级课程表（初中起点五年）

课程类别	课程名称	参考学时	学期									
			第1学期	第2学期	第3学期	第4学期	第5学期	第6学期	第7学期	第8学期	第9学期	第10学期
公共基础课程	思想政治	288	√	√	√	√			√	√	√	
	语文	252	√	√	√				√	√		
	历史	72	√	√								
	数学	144	√	√					√	√		
	英语	162			√	√						
	数字技术应用	72	√	√								
	体育与健康	288	√	√	√	√	√		√	√	√	
	美育	54	√						√			
	劳动教育	72	√	√	√	√						
	通用职业素质	90		√	√	√						
	物理	36	√	√								
	其他	36							√	√	√	
专业基础课程	机械制图	180	√	√	√							
	机械基础	120		√	√							
	极限配合与技术测量	60	√									
	金属材料与热处理	90	√	√								
	机械制造工艺基础	90				√	√					
	电工学	60				√						
工学一体化课程	简单零件钳加工	120	√									
	简单零件普通车床加工	480	√	√	√							
	简单零件普通铣床加工	180			√	√						
	简单零件数控车床加工	180				√						
	复杂零件普通车床加工	420					√		√			
	车床精度检测与调整	60							√			

课程类别	课程名称	参考学时	第1学期	第2学期	第3学期	第4学期	第5学期	第6学期	第7学期	第8学期	第9学期	第10学期
工学一体化课程	零件数控车床编程与加工	180								√		
	零件辅助设计与制造	150								√	√	
	产品质量检测与管理	90								√		
选修课程	工程力学	60							√			
	液压传动与气动技术	90							√			
	机床电气控制	90							√			
	金属切削原理与刀具	90							√			
	机床夹具	90							√	√		
机动		354										
岗位实习								√				√
总学时		4 800										

（四）预备技师（技师）层级课程表（高中起点四年）

课程类别	课程名称	参考学时	第1学期	第2学期	第3学期	第4学期	第5学期	第6学期	第7学期	第8学期
公共基础课程	思想政治	144	√	√	√	√				
	语文	72	√	√						
	数学	54	√	√						
	英语	90		√	√	√				
	数字技术应用	72	√							
	体育与健康	126	√	√	√	√	√	√	√	
	美育	18	√							

课程 类别	课程名称	参考 学时	学期							
			第1 学期	第2 学期	第3 学期	第4 学期	第5 学期	第6 学期	第7 学期	第8 学期
公共 基础 课程	劳动教育	48	√	√	√	√		√		
	通用职业素质	90		√	√	√		√		
	其他	18	√	√	√					
专业 基础 课程	机械制图	120	√	√	√					
	机械基础	80		√	√					
	极限配合与技术测量	40	√							
	金属材料与热处理	60		√						
	机械制造工艺基础	60					√			
	电工学	60						√		
工学 一体 化课 程	简单零件钳加工	90	√							
	简单零件普通车床加工	420	√	√						
	简单零件普通铣床加工	150		√						
	简单零件数控车床加工	150			√					
	复杂零件普通车床加工	360			√	√				
	车床精度检测与调整	60					√			
	零件数控车床编程与加工	150					√			
	零件辅助设计与制造	120					√			
	产品质量检测与管理	90				√				
	特殊零件普通车床加工与 工艺编制	450							√	√
	车床夹具设计与制作	90							√	
	操作现场指导与技术培训	90							√	
选修 课程	工程力学	40		√						
	液压传动与气动技术	60			√					
	机床电气控制	60					√			
	金属切削原理与刀具	60				√				

课程类别	课程名称	参考学时	学期							
			第1学期	第2学期	第3学期	第4学期	第5学期	第6学期	第7学期	第8学期
选修课程	机床夹具	60					√			
	车铣复合加工	90							√	
	技师综合实践与毕业设计指导	90							√	
机动		368								
岗位实习										√
总学时		4 200								

（五）预备技师（技师）层级课程表（初中起点六年）

课程类别	课程名称	参考学时	学期											
			第1学期	第2学期	第3学期	第4学期	第5学期	第6学期	第7学期	第8学期	第9学期	第10学期	第11学期	第12学期
公共基础课程	思想政治	360	√	√	√	√			√	√	√	√	√	
	语文	252	√	√	√				√	√				
	历史	72	√	√										
	数学	144	√	√					√	√				
	英语	162			√	√								
	数字技术应用	72	√	√										
	体育与健康	324	√	√	√	√	√		√	√	√	√	√	
	美育	54	√						√					
	劳动教育	96	√	√	√	√			√	√	√	√		
	通用职业素质	90		√	√	√								
	物理	36			√									
	其他	42	√	√	√				√	√	√	√		

课程类别	课程名称	参考学时	学期											
			第1学期	第2学期	第3学期	第4学期	第5学期	第6学期	第7学期	第8学期	第9学期	第10学期	第11学期	第12学期
专业基础课程	机械制图	180	✓	✓	✓									
	机械基础	120		✓	✓									
	极限配合与技术测量	60	✓											
	金属材料与热处理	90	✓	✓										
	机械制造工艺基础	90				✓	✓							
	电工学	60				✓								
工学一体化课程	简单零件钳加工	120	✓											
	简单零件普通车床加工	480	✓	✓	✓									
	简单零件普通铣床加工	180			✓									
	简单零件数控车床加工	180				✓								
	复杂零件普通车床加工	420				✓	✓		✓					
	车床精度检测与调整	60											✓	
	零件数控车床编程与加工	180							✓					
	零件辅助设计与制造	150								✓				
	产品质量检测与管理	90								✓				

课程类别	课程名称	参考学时	学期											
			第1学期	第2学期	第3学期	第4学期	第5学期	第6学期	第7学期	第8学期	第9学期	第10学期	第11学期	第12学期
工学一体化课程	特殊零件普通车床加工与工艺编制	480									√	√		
	车床夹具设计与制作	90											√	
	操作现场指导与技术培训	90											√	
选修课程	工程力学	60							√					
	液压传动与气动技术	90							√	√				
	机床电气控制	90							√	√				
	金属切削原理与刀具	90							√	√				
	机床夹具	90								√	√			
	车铣复合加工	90											√	
	技师综合实践与毕业设计指导	90											√	
机动		576												
岗位实习								√						√
总学时		6 000												

构建人才培养质量评价体系，共同制定评价标准，共同实施学生职业能力、职业素养和职业技能等级评价，共评培养质量。

基于上述运行机制，校企双方共同推进本专业高级技能人才综合职业能力培养，并在培养目标、培养过程、培养评价中实施学生相应通用能力、职业素养和思政素养的培养。

3. 预备技师（技师）层级

预备技师（技师）层级宜采用"企业为主、学校为辅"的校企合作运行机制。

校企双方根据机床切削加工（车工）专业预备技师（技师）人才特征，建立适应预备技师（技师）层级的运行机制。一是结合预备技师（技师）层级工学一体化课程以分析解决开放性问题为主的特点，研讨校企协同育人方法路径，共同制定和采用"企业为主、学校为辅"的培养方案，共创培养模式；二是发挥各自优势，按照人才培养目标要求，以初中、高中、中职生源为主，制订招生招工计划，通过开设校企双制班、企业订单班和开展企业新型学徒制培养等措施，共同招生招工；三是对接本领域行业协会和标杆企业，紧跟本产业发展趋势、技术更新和生产方式变革，紧扣企业岗位能力最新要求，以企业为主，共同制定专业建设方案，共同推进专业优化调整，共商专业规划；四是围绕就业导向和职业特征，结合本地本校办学条件和学情，推进本专业工学一体化课程标准的校本转化，进行学习任务二次设计、教学资源开发，并根据岗位能力要求和工作过程推进企业培训课程开发，共议课程开发；五是发挥学校教师专业教学能力和企业技术人员专业实践能力优势，推进教师开展企业工作实践，通过聘用等方式，涵盖学校专业教师、企业培训师、实践专家、企业技术人员，共组师资队伍；六是以校外实训基地、校内生产性实训基地、产业学院等为主要学习环境，以完成企业真实工作任务为学习载体，以地方品牌企业实践场所为工作环境，共建实训基地；七是基于校内外实训基地等学习环境，学校参照企业管理机制，企业参照学校教学管理机制，组建校企管理队伍，明确校企双方责任权利，推进人才培养全过程校企协同管理，共搭管理平台；八是根据本层级人才培养目标、国家职业标准和企业用人要求，共同构建人才培养质量评价体系，共同制定评价标准，共同实施学生综合职业能力、职业素养和职业技能等级评价，共评培养质量。

基于上述运行机制，校企双方共同推进本专业预备技师（技师）技能人才综合职业能力培养，并在培养目标、培养过程、培养评价中实施学生相应通用能力、职业素养和思政素养的培养。

四、课程安排

使用单位应根据人力资源社会保障部颁布的《机床切削加工（车工）专业国家技能人才培养工学一体化课程设置方案》开设本专业课程。本课程安排只列出工学一体化课程及建议学时，使用单位可依据院校学习年限和教学安排确定具体学时分配。

（一）中级技能层级工学一体化课程表（初中起点三年）

序号	课程名称	基准学时	学时分配					
			第1学期	第2学期	第3学期	第4学期	第5学期	第6学期
1	简单零件钳加工	120	120					
2	简单零件普通车床加工	480	90	210	180			
3	简单零件普通铣床加工	180				180		
4	简单零件数控车床加工	180					180	
	总学时	960	210	210	180	180	180	

（二）高级技能层级工学一体化课程表（高中起点三年）

序号	课程名称	基准学时	学时分配					
			第1学期	第2学期	第3学期	第4学期	第5学期	第6学期
1	简单零件钳加工	90	90					
2	简单零件普通车床加工	420	240	180				
3	简单零件普通铣床加工	150		150				
4	简单零件数控车床加工	150			150			
5	复杂零件普通车床加工	360			180	180		
6	车床精度检测与调整	60					60	
7	零件数控车床编程与加工	150					150	
8	零件辅助设计与制造	120				120		
9	产品质量检测与管理	90					90	
	总学时	1 590	330	330	330	300	300	

（三）高级技能层级工学一体化课程表（初中起点五年）

序号	课程名称	基准学时	学时分配									
			第1学期	第2学期	第3学期	第4学期	第5学期	第6学期	第7学期	第8学期	第9学期	第10学期
1	简单零件钳加工	120	120									
2	简单零件普通车床加工	480	120	240	120							

序号	课程名称	基准学时	学时分配									
			第1学期	第2学期	第3学期	第4学期	第5学期	第6学期	第7学期	第8学期	第9学期	第10学期
3	简单零件普通铣床加工	180			120	60						
4	简单零件数控车床加工	180				180						
5	复杂零件普通车床加工	420					240		180			
6	车床精度检测与调整	60							60			
7	零件数控车床编程与加工	180								180		
8	零件辅助设计与制造	150								30	120	
9	产品质量检测与管理	90									90	
	总学时	1 860	240	240	240	240	240		240	210	210	

（四）预备技师（技师）层级工学一体化课程表（高中起点四年）

序号	课程名称	基准学时	学时分配							
			第1学期	第2学期	第3学期	第4学期	第5学期	第6学期	第7学期	第8学期
1	简单零件钳加工	90	90							
2	简单零件普通车床加工	420	240	180						
3	简单零件普通铣床加工	150		150						
4	简单零件数控车床加工	150			150					
5	复杂零件普通车床加工	360			180	180				
6	车床精度检测与调整	60					60			
7	零件数控车床编程与加工	150					150			
8	零件辅助设计与制造	120					120			
9	产品质量检测与管理	90				90				
10	特殊零件普通车床加工与工艺编制	450						330	120	
11	车床夹具设计与制作	90							90	
12	操作现场指导与技术培训	90							90	
	总学时	2 220	330	330	330	270	330	330	300	

（五）预备技师（技师）层级工学一体化课程表（初中起点六年）

序号	课程名称	基准学时	学时分配											
			第1学期	第2学期	第3学期	第4学期	第5学期	第6学期	第7学期	第8学期	第9学期	第10学期	第11学期	第12学期
1	简单零件钳加工	120	120											
2	简单零件普通车床加工	480	150	270	60									
3	简单零件普通铣床加工	180			180									
4	简单零件数控车床加工	180				180								
5	复杂零件普通车床加工	420				90	270		60					
6	车床精度检测与调整	60											60	
7	零件数控车床编程与加工	180							180					
8	零件辅助设计与制造	150								150				
9	产品质量检测与管理	90								90				
10	特殊零件普通车床加工与工艺编制	480									240	240		
11	车床夹具设计与制作	90											90	
12	操作现场指导与技术培训	90											90	
	总学时	2 520	270	270	240	270	270		240	240	240	240	240	

五、课程标准

（一）简单零件钳加工课程标准

工学一体化课程名称	简单零件钳加工	基准学时	120[①]

典型工作任务描述

简单零件钳加工是指按照安全文明生产规程、钳工操作规程，使用普通台式钻床、夹具、量具、工具等，依据零件图和加工要求在钳台上手工将毛坯制作成零件的过程。该类零件加工主要包括开瓶器制作、錾口手锤制作等。零件精度等级一般为IT10～IT8，表面粗糙度为 $Ra3.2～1.6\ \mu m$。

操作人员从生产主管处接受任务并签字确认，根据工艺规程文件和交接班记录，明确加工尺寸精度要求，制订加工计划，准备材料、工具、量具、夹具及台式钻床，按钳工操作规程装夹工件，按工艺和图样要求锉削工件。加工过程中要适时检测，使用通用量具、专用量具、表面粗糙度比较样块等进行零件质量校验，进行加工质量分析与工艺方案优化，确保质量；加工完毕规范地存放零件，送检并签字确认。

在工作过程中，操作人员应严格执行企业操作规程、常用量具的保养规范、企业质量管理制度、安全生产制度、环保管理制度、现场管理制度等。

工作内容分析

工作对象：	工具、材料、设备与资料：	工作要求：
1. 工作任务单的领取及阅读分析； 2. 技术手册及标准的查阅、图样的识读； 3. 设备、工具、量具、夹具、材料等的准备； 4. 零件钳加工的实施； 5. 已完成零件的自检、互检。	1. 工具：通用工具（旋具、钳子、扳手）、专用工具（铰杠、锉刀、锯弓）、夹具、量具（游标卡尺、千分尺、检验棒）等； 2. 材料：毛坯（按备料通知单准备）、个人防护用品、切削液、润滑油、清洗剂、毛刷等； 3. 设备：台式钻床； 4. 资料：工作任务单、钳工操作规程、技术手册、工艺文件等。 **工作方法：** 1. 工作任务单的使用方法，技术手册的查阅方法； 2. 工具和量具的选择和使用方法； 3. 麻花钻刃磨的方法； 4. 工件装夹、找正方法； 5. 锉削、锯削、錾削、钻削的方法； 6. 零件的质量检验方法； 7. 记录、评价、反馈、存档的方法。	1. 依据工作任务单，明确工作时间、加工数量等要求，明确技术手册查阅范围，正确制定加工方案，选用钻削的切削用量； 2. 按照加工方案的要求准备设备、工具、量具、夹具、材料、辅具； 3. 按照企业工作规范完成零件的钳加工； 4. 工作过程中具有一定的质量和成本意识，并遵守企业的安全生产制度、环保管理制度以及现场管理规定；

[①] 此基准学时为初中生源学时，下同。

劳动组织方式：	5. 对已完成的零件进行自检，并进行记录、评价、反馈和存档。
1. 以独立或小组合作的方式进行；	
2. 从班组长处领取工作任务单，从仓库领取工具、量具、夹具、刀具及毛坯材料等；	
3. 实施钳加工，必要时向班组长及师傅咨询加工情况；	
4. 加工完毕，自检合格后交付质检员检验。	

课程目标

学习完本课程后，学生应当能够胜任简单零件钳加工工作，包括：

1. 能阅读工作任务单，并能与生产主管等相关人员进行有效沟通，明确加工内容、时间和要求。

2. 能依据图样，查阅相关资料，明确钳加工的工艺流程，制定工作方案，并根据工作方案，正确领取所需的工具、量具、刀具及辅具。

3. 能按照简单零件钳加工的工作流程与规范，在规定时间内采用划线、锉削、锯削、錾削、钻孔、扩孔、攻螺纹和套螺纹等方法完成开瓶器和錾口手锤制作任务，具备规范、安全生产意识。

4. 能按产品质量检验单要求，使用通用量具、专用量具、表面粗糙度比较样块等规范地进行相应的自检，在工作任务单上正确填写加工完成的时间、加工记录以及自检结果，并进行产品质量分析及方案优化，具有精益求精的质量管控意识。

5. 能在工作完成后，执行现场管理制度、废弃物管理规定及常用量具的保养规范，完成加工现场的整理、设备和工量刃具的维护保养、工作日志的填写等工作。

6. 在工作过程中，能自我约束、服从管理、尊重他人，认真听取他人想法，进行有效的沟通与合作，创造积极向上的工作氛围。

7. 能依据零件汇报展示要求对工作过程进行资料收集整合，团结协作，利用多媒体设备和专业术语展示工作成果。

学习内容

本课程的主要学习内容包括：

一、工作任务单的领取及阅读分析

实践知识：工作任务单的领取及阅读分析；工作任务单的使用。

理论知识：工作任务单、图样、工艺文件；开瓶器、錾口手锤的种类及用途。

二、技术手册及标准的查阅、图样的识读

实践知识：钳工技术手册的查阅；钳加工零件图样的识读；钳加工操作流程的确认；开瓶器、錾口手锤加工工艺的识读；开瓶器、錾口手锤图样的分析；零件钳加工加工方案的选择。

理论知识：锯削、划线、錾削、锉削、钻削、攻螺纹的加工工艺；开瓶器、錾口手锤视图的表达；钻削、攻螺纹切削用量。

三、设备、工具、量具、夹具、材料等的准备

实践知识：钳工常用设备的检查；钳工常用工具、夹具、量具、刃具、辅具的领取；钳加工工艺装备

的选择；钳加工零件的装夹与找正；钳加工常用工具、量具的使用。

理论知识：劳动保护用品的作用和使用规定；钻床的种类与用途；钳工常用工具、夹具、量具的类型。

四、零件钳加工的实施

实践知识：简单零件的划线；砂轮机的使用；开瓶器、錾口手锤的制作；零件钳加工加工方法的选择；钻削切削用量的选择；麻花钻的刃磨；锉削。

理论知识：划线工艺与操作规范；锯削、锉削、錾削加工工艺与操作规范；孔加工、螺纹加工工艺与操作规范；钻床和砂轮机操作规程；砂轮机等设备及工具的基本结构和工作原理；企业质量管理制度。

五、已完成零件的自检、互检

实践知识：平面、孔、螺纹的测量；表面粗糙度的检测；钢直尺、游标卡尺、刀口形直尺、游标高度卡尺等常用量具的使用；钳加工加工现场的整理；设备和工量刃具的维护保养；零件的质量检验；钳加工零件检测量具的选择；钳加工零件检测方法的选择；钳加工零件尺寸误差的分析。

理论知识：平面、孔、螺纹的测量要求；表面粗糙度；钳加工现场管理规定。

六、通用能力、职业素养、思政素养

自主学习、自我管理、信息检索、理解与表达、交往与合作、创新思维、解决问题等通用能力，安全意识、质量意识、规范意识、效率意识、成本意识、环保意识、市场意识、服务意识等职业素养，以及劳模精神、劳动精神、工匠精神等思政素养。

参考性学习任务

序号	名称	学习任务描述	参考学时
1	开瓶器制作	某公司召开联欢会，需要开瓶器作为小礼品。该批礼品的数量为100件，业务部门将图样交予生产车间，工期为3天，材料由客户提供。现车间主管安排钳加工组完成该任务。 操作人员从生产主管处接受任务，领取工作任务单、图样和工艺文件，明确工作任务要求，识读图样及分析加工工艺，查阅相关技术手册及标准，根据任务工期和零件加工质量要求制定加工方案。按照制定的加工方案，在加工之前准备相关的工具、量具、刃具及设备，独立进行划线、锯削、锉削、钻削，完成开瓶器的加工。加工过程中保证开口的位置精度，根据零件检验单使用通用量具完成零件质量自检，并进行加工质量分析与工艺方案优化；完成加工现场的整理、设备和工量刃具的维护保养、工作日志的填写等工作。 在工作过程中，操作人员应严格执行企业操作规程、常用量具的保养规范、企业质量管理制度、安全生产制度、环保管理制度、现场管理制度等。	60
2	錾口手锤制作	某企业需要加工一批錾口手锤，数量为30件。业务部门将图样交予生产车间，工期为2天，材料由客户提供。现车间主管安排钳加工组完成该任务。	60

2	錾口手锤制作	操作人员从生产主管处接受任务，领取工作任务单、图样和工艺文件，明确工作任务要求，识读图样及分析加工工艺，查阅相关技术手册及标准，根据任务工期和零件加工质量要求制定加工方案。按照制定的加工方案，在加工之前准备相关的工具、量具、刃具及设备，独立进行划线、锯削、錾削、锉削、钻削等操作，完成錾口手锤的加工。加工过程中保证锤柄孔的位置精度，根据零件检验单使用通用量具完成零件质量自检，并进行加工质量分析与工艺方案优化；完成加工现场的整理、设备和工量刃具的维护保养、工作日志的填写等工作。 在工作过程中，操作人员应严格执行企业操作规程、常用量具的保养规范、企业质量管理制度、安全生产制度、环保管理制度、现场管理制度等。

教学实施建议

1. 教学组织方式方法建议

运用行动导向的教学方法。为确保教学安全，增强教学效果，建议采用分组教学的方式（3~4人/组）；在完成工作任务的同时，教师须给予适当指导，注意培养学生团队合作、遵守操作规程和工作制度等职业素养。

2. 教学资源配置建议

（1）教学场地

简单零件钳加工一体化学习工作站须具备良好的安全、照明和通风条件，可分为集中教学区、分组教学区、信息检索区、工具存放区、材料存放区和成果展示区，并配备多媒体教学设备与资料等。

（2）工具、材料、设备（按组配置）

通用工具（旋具、钳子、扳手）、专用工具（铰杠、锉刀、锯弓）、夹具、量具（游标卡尺、千分尺、检验棒）、毛坯（按备料通知单准备）、个人防护用品、切削液、润滑油、清洗剂、毛刷、台式钻床等。

（3）教学资料

以工作页为主，配备教材、工作任务单、技术手册、机床使用说明书和行业、企业标准规范等。

教学考核要求

采用过程性考核和终结性考核相结合的方式。课程考核成绩 = 过程性考核成绩 × 70%+ 终结性考核成绩 × 30%。

1. 过程性考核（70%）

采用自我评价、小组评价和教师评价相结合的方式进行考核；让学生学会自我评价，教师要观察学生的学习过程，结合学生的自我评价、小组评价进行总评并提出改进建议。

（1）课堂考核：出勤、学习态度、课堂纪律、小组合作与展示等情况。

（2）作业考核：工作页的完成、课后练习等情况。

（3）阶段考核：纸笔测试、实操测试、口述测试。

2. 终结性考核（30%）

学生根据任务中的情境描述，制定车工用角度样板加工方案，并按照行业、企业标准和规范，在规定时间内完成车工用角度样板加工，达到客户要求。

考核任务案例：车工用角度样板制作。

【情境描述】

某工厂车工磨刀需要特殊角度样板10件，业务部门将图样交予生产车间，工期为5天，材料由客户提供。现车间主管安排钳加工组完成该任务。

【任务要求】

根据任务的情境描述，按照机床使用及设备操作规范，在5天内完成车工用角度样板钳加工。

（1）领取工作任务单，与生产主管等相关人员进行有效沟通，明确加工内容、时间和要求。

（2）分析图样，查阅相关资料，依据钳加工作业流程与规范，在规定时间内制定出零件的加工工艺。

（3）根据图样，正确使用设备、工具、量具完成零件的钳加工。

（4）工件加工后测量并进行误差分析及提出解决方案。

（5）列出设备日常使用的注意事项，填写交接班记录。

（6）规范地填写工作记录表，并及时提交生产主管，按照现场管理规定整理作业现场。

（7）对工作进行归纳、总结，并对检验与调整方案及工作流程提出改进建议。

（8）能遵守职业道德，具备环保意识和成本意识，养成爱护设备设施、文明生产等良好的职业素养。

【参考资料】

完成上述任务时，可以使用所有的常见教学资料，如工作页、教材、工作任务单、技术手册、机床使用说明书和行业、企业标准规范等。

（二）简单零件普通车床加工课程标准

工学一体化课程名称	简单零件普通车床加工	基准学时	480
典型工作任务描述			

简单零件普通车床加工是指按照安全文明生产规程、车床操作规程及设备保养知识，使用普通车床、夹具、刀具、量具、工具等，依据零件图样和加工要求在普通车床上将毛坯加工成零件的过程。该类零件加工主要包括销轴车削、齿轮轴车削、衬套车削、锥齿轮车削、变径套车削、手柄车削、螺栓车削、螺母车削、管接头车削、阀杆车削、拔销器车削与装配、千斤顶车削与装配等。零件精度等级一般为IT10～IT8，表面粗糙度为 $Ra3.2～1.6\,\mu m$。

操作人员从生产主管处领取工作任务单，明确工作内容、时间和要求；查阅资料，明确加工尺寸精度要求，获取相关信息，制定加工方案；根据零件加工工艺规程文件，制定零件加工工序，准备毛坯材料、工具、量具、夹具及普通车床；按车床操作规程，正确装夹刀具和工件，合理选择切削用量、切削液，按零件图样要求和加工工艺切削工件。加工过程中要适时检测，确保质量；自检后交付质检人员，使用通用量具、专用量具、表面粗糙度比较样块等进行零件质量校验，进行加工质量分析与工艺方案优化；加工完毕规范地存放零件，送检并签字确认，规范地填写工作记录表，并及时提交生产主管。

在工作过程中，操作人员应严格执行企业操作规程、常用量具的保养规范、企业质量管理制度、安全生产制度、环保管理制度、现场管理制度等。

工作内容分析

工作对象：	工具、材料、设备与资料：	工作要求：
1. 工作任务单的领取及阅读分析； 2. 技术手册及标准的查阅、图样的识读； 3. 设备、工具、量具、夹具、材料等的准备； 4. 简单零件普通车床加工的实施； 5. 已完成零件的自检、互检。	**工具：** 1. 工具：通用工具（旋具、钳子、扳手）、车床专用工具（卡盘扳手、刀架台扳手）、刀具（外圆车刀、内孔车刀、端面车刀、外螺纹车刀、内螺纹车刀）、夹具、量具（游标卡尺、千分尺、检验棒）等； 2. 材料：毛坯（按备料通知单准备）、个人防护用品、切削液、润滑油、清洗剂、毛刷等； 3. 设备：普通车床、砂轮机； 4. 资料：工作任务单、车床操作规程、技术手册、工艺文件等。 **工作方法：** 1. 工作任务单的使用方法，技术手册的查阅方法，设备保养方法； 2. 车削用量的选择； 3. 刀具刃磨的方法； 4. 工件装夹、找正方法； 5. 普通车床操作方法； 6. 简单零件车削方法； 7. 零件的质量检验方法； 8. 记录、评价、反馈和存档方法。 **劳动组织方式：** 1. 以独立或小组合作的方式进行； 2. 从班组长处领取工作任务单，从仓库领取工具、量具、夹具、刀具及毛坯等材料； 3. 实施简单零件的车削加工，必要时向班组长及师傅咨询加工情况； 4. 加工完毕，自检合格后交付质检员检验。	1. 依据工作任务单，明确工作时间、加工数量等要求，明确技术手册查阅范围，正确制定加工方案，选用车削的切削用量； 2. 按照加工方案的要求准备设备、工具、量具、夹具、材料、辅具； 3. 按照企业工作规范完成简单零件的普通车床加工； 4. 工作过程中具有一定的质量和成本意识，并遵守企业的安全生产制度、环保管理制度以及现场管理规定； 5. 对已完成的零件进行自检、互检，并进行记录、评价、反馈和存档。

课程目标

学习完本课程后，学生应当能够胜任简单零件普通车床加工工作，包括：

1. 能阅读工作任务单，并能与生产主管等相关人员进行有效沟通，明确加工内容、时间和要求。

2. 能依据图样，查阅相关资料，明确简单零件普通车床加工的工艺流程，制定工作方案，并根据工作方案，小组成员团结协作共同分析并制定加工工艺，正确领取所需的工具、量具、刃具及辅具。

3. 能按照简单零件普通车床加工的工作流程与规范，在规定时间内采用加工内外圆柱面、端面、锥面、沟槽和螺纹等的方法完成销轴车削、齿轮轴车削、衬套车削、锥齿轮车削、变径套车削、手柄车削、螺栓车削、螺母车削、管接头车削、阀杆车削、拔销器车削与装配、千斤顶车削与装配、万向节车削与装配、车床维护与保养任务，具备规范、安全生产意识。

4. 能按产品质量检验单要求，使用通用量具、专用量具、表面粗糙度比较样块等规范地进行相应的自检，在工作任务单上正确填写加工完成的时间、加工记录以及自检结果，并进行产品质量分析及方案优化，具有精益求精的质量管控意识。

5. 能在工作完成后，执行现场管理制度、废弃物管理规定及常用量具的保养规范，完成加工现场的整理、设备和工量刃具的维护保养、工作日志的填写等工作。

6. 在工作过程中，能自我约束、服从管理、尊重他人，认真听取他人想法，进行有效的沟通与合作，创造积极向上的工作氛围。

7. 能依据零件汇报展示要求对工作过程进行资料收集整合，团结协作，利用多媒体设备和专业术语展示工作成果。

学习内容

本课程的主要学习内容包括：

一、工作任务单的领取及阅读分析

实践知识：工作任务单的领取及阅读分析；零件用途的分析；零件加工工艺的识读；零件加工工作计划的制订；工作任务单的使用。

理论知识：工作任务单、图样、工艺文件；企业质量管理制度、工作现场管理规定等；零件结构工艺性分析；车床的结构、原理；车削加工工序的划分原则；车削加工顺序的安排；加工路线的确定；数值的计算。

二、技术手册及标准的查阅、图样的识读

实践知识：销轴、齿轮轴、衬套、锥齿轮、变径套、手柄、螺栓、螺母、管接头、阀杆、拔销器、千斤顶、万向节图样的识读；零件加工图样的分析；切削用量的选择；车削加工相关技术标准的查阅。

理论知识：销轴、齿轮轴、衬套、锥齿轮、变径套、手柄、螺栓、螺母、管接头、阀杆、拔销器、千斤顶、万向节的视图表达；零件的种类、材料、尺寸精度；车削用量计算；切削液的种类。

三、设备、工具、刀具、量具、夹具、材料等的准备

实践知识：刀具的刃磨、安装；工件的装夹、找正；普通车床的操作；工件的定位与夹紧；标准麻花钻的刃磨；个人防护用品的穿戴，加工安全措施的落实与确认；普通车床的润滑及常规保养。

理论知识：车床通用夹具的种类、结构；工件的定位与夹紧原理；常用车刀与标准麻花钻；45钢、H62黄铜的性能；砂轮的分类及选择方法。

四、简单零件普通车床加工的实施

实践知识：台阶轴的车削；套类零件的钻孔、扩孔、镗孔；圆锥的车削；成形面的车削；普通螺纹的

车削；配合件的车削；刀具的刃磨；工件的装夹、找正；普通车床的操作。

理论知识：车床操作规程；普通螺纹的种类、用途及参数计算；圆锥的种类、定义及计算；百分表的分类及应用场合；粗精加工余量计算方法；常用量具结构与工作原理；设备日常维护与保养方法。

五、已完成零件的自检、互检

实践知识：使用游标卡尺、千分尺、内径百分表测量工件；塞规的使用；使用角度样板、游标万能角度尺测量锥度；使用锥度量规检验锥度；成形面的测量；螺纹环规及塞规的使用；配合件的检测；表面粗糙度比较样块的使用。

理论知识：游标卡尺、千分尺、内径百分表的读数原理；螺纹环规及塞规的结构；锥度量规的种类、用途；零件尺寸误差原因分析。

六、通用能力、职业素养、思政素养

自主学习、自我管理、信息检索、理解与表达、交往与合作、创新思维、解决问题等通用能力，安全意识、质量意识、规范意识、效率意识、成本意识、环保意识、市场意识、服务意识等职业素养，以及劳模精神、劳动精神、工匠精神等思政素养。

参考性学习任务

序号	名称	学习任务描述	参考学时
1	销轴车削	某企业签订了加工一批销轴的合同，数量为100件。生产部门将销轴加工任务交予生产车间，要求3天内完成。现车间主管安排车工组完成该任务。 操作人员从生产主管处领取工作任务单和工艺文件，制订加工计划，准备材料、工具、量具、夹具、刀具及普通车床，按照现场要求进行生产。销轴属于轴类零件，有较高的圆柱度要求，应采用三爪自定心卡盘装夹，加工过程中主要以外圆柱面、端面加工为主。根据零件检验单使用通用量具完成零件质量自检，并进行加工质量分析与工艺方案优化；完成加工现场的整理、设备和工量刃具的维护保养、工作日志的填写等工作。 在工作过程中，操作人员应严格执行企业操作规程、常用量具的保养规范、企业质量管理制度、安全生产制度、环保管理制度、现场管理制度等。	30
2	齿轮轴车削	某企业签订了加工一批齿轮轴的合同，数量为100件。生产部门将齿轮轴加工任务交予生产车间，要求2天内完成。现车间主管安排车工组完成该任务。 操作人员从生产主管处领取工作任务单和工艺文件，制订加工计划，准备材料、工具、量具、夹具、刀具及普通车床，按照现场要求进行生产。齿轮轴属于轴类零件，有较高的同轴度要求，应采用	20

2	齿轮轴车削	一夹一顶方式装夹，加工过程中主要以外圆柱面、端面、台阶、中心孔加工为主，并留有一定的磨削余量。根据零件检验单使用通用量具完成零件质量自检，并进行加工质量分析与工艺方案优化；完成加工现场的整理、设备和工量刃具的维护保养、工作日志的填写等工作。 在工作过程中，操作人员应严格执行企业操作规程、常用量具的保养规范、企业质量管理制度、安全生产制度、环保管理制度、现场管理制度等。	
3	衬套车削	某企业有一些设备中的衬套已经磨损需要更换，技术部门将衬套加工任务交予生产车间，要求 1 天内完成。该衬套数量为 10 件。现车间主管安排车工组完成该任务。 操作人员从生产主管处领取工作任务单和工艺文件，制订加工计划，准备材料、工具、量具、夹具、刀具及普通车床，按照现场要求进行生产。衬套属于套类零件，加工过程中主要以内外圆柱面、内孔、沟槽加工为主。根据零件检验单使用通用量具完成零件质量自检，并进行加工质量分析与工艺方案优化；完成加工现场的整理、设备和工量刃具的维护保养、工作日志的填写等工作。 在工作过程中，操作人员应严格执行企业操作规程、常用量具的保养规范、企业质量管理制度、安全生产制度、环保管理制度、现场管理制度等。	30
4	锥齿轮车削	某企业签订了加工一批锥齿轮的合同，数量为 100 件。生产部门将锥齿轮加工任务交予生产车间，要求 3 天内完成。现车间主管安排车工组完成该任务。 操作人员从生产主管处领取工作任务单和工艺文件，制订加工计划，准备材料、工具、量具、夹具、刀具及普通车床。按照现场要求进行生产。锥齿轮属于盘类零件，但在车床上主要加工锥齿轮半成品，为后续的轮齿加工工序做准备。在加工过程中，以车外圆锥面为主，要保证外圆锥面与中间孔的同轴度要求。根据零件检验单使用通用量具完成零件质量自检，并进行加工质量分析与工艺方案优化；完成加工现场的整理、设备和工量刃具的维护保养、工作日志的填写等工作。 在工作过程中，操作人员应严格执行企业操作规程、常用量具的保养规范、企业质量管理制度、安全生产制度、环保管理制度、现场管理制度等。	30

5	变径套车削	某企业签订了加工一批变径套的合同，数量为60件。生产部门将变径套加工任务交予生产车间，要求2天内完成。现车间主管安排车工组完成该任务。 操作人员从生产主管处领取工作任务单和工艺文件，制订加工计划，准备材料、工具、量具、夹具、刀具及普通车床，按照现场要求进行生产。变径套属于锥套类零件，在车床上主要加工内外圆锥面，留有一定的磨削余量，并保证内外圆锥面的圆跳动要求。根据零件检验单使用通用量具完成零件质量自检，并进行加工质量分析与工艺方案优化；完成加工现场的整理、设备和工量刃具的维护保养、工作日志的填写等工作。 在工作过程中，操作人员应严格执行企业操作规程、常用量具的保养规范、企业质量管理制度、安全生产制度、环保管理制度、现场管理制度等。	30
6	手柄车削	某企业签订了加工一批手柄的合同，数量为20件。生产部门将手柄加工任务交予生产车间，要求1天内完成。现车间主管安排车工组完成该任务。 操作人员从生产主管处领取工作任务单和工艺文件，制订加工计划，准备材料、工具、量具、夹具、刀具及普通车床，按照现场要求进行生产。手柄属于轴类零件，在车床上主要加工成形面、圆弧面、工艺台阶等。根据零件检验单使用通用量具完成零件质量自检，并进行加工质量分析与工艺方案优化；完成加工现场的整理、设备和工量刃具的维护保养、工作日志的填写等工作。 在工作过程中，操作人员应严格执行企业操作规程、常用量具的保养规范、企业质量管理制度、安全生产制度、环保管理制度、现场管理制度等。	20
7	螺栓车削	某标准件厂接到了加工一批螺栓的订单，数量为200件。生产部门将螺栓加工任务交予生产车间，要求3天内完成。现车间主管安排车工组完成该任务。 操作人员从生产主管处领取工作任务单和工艺文件，制订加工计划，准备材料、工具、量具、夹具、刀具及普通车床，按照现场要求进行生产。螺栓属于调节、紧固类螺纹零件，且具有较好的互换性，在车床上主要加工普通外螺纹、外沟槽等。根据零件检验单使用通用量具完成零件质量自检，并进行加工质量分析与工艺方案优化；完成加工现场的整理、设备和工量刃具的维护保养、工作日志的填写等工作。	40

7	螺栓车削	在工作过程中，操作人员应严格执行企业操作规程、常用量具的保养规范、企业质量管理制度、安全生产制度、环保管理制度、现场管理制度等。	
8	螺母车削	某企业接到了加工一批螺母的合同，数量为200件。生产部门将螺母加工任务交予生产车间，要求3天内完成。现车间主管安排车工组完成该任务。 操作人员从生产主管处领取工作任务单和工艺文件，制订加工计划，准备材料、工具、量具、夹具、刀具及普通车床，按照现场要求进行生产。螺母属于螺纹套类零件，且具有较好的互换性，在车床上主要加工普通内螺纹、内沟槽等。根据零件检验单使用通用量具完成零件质量自检，并进行加工质量分析与工艺方案优化；完成加工现场的整理、设备和工量刀具的维护保养、工作日志的填写等工作。 在工作过程中，操作人员应严格执行企业操作规程、常用量具的保养规范、企业质量管理制度、安全生产制度、环保管理制度、现场管理制度等。	40
9	管接头车削	某阀门厂接到了加工一批管接头的合同，数量为100件。生产部门将管接头加工任务交予生产车间，要求3天内完成。现车间主管安排车工组完成该任务。 操作人员从生产主管处领取工作任务单和工艺文件，制订加工计划，准备材料、工具、量具、夹具、刀具及普通车床，按照现场要求进行生产。管接头属于螺纹套类零件，在车床上主要加工锥管螺纹、内孔等。根据零件检验单使用通用量具完成零件质量自检，并进行加工质量分析与工艺方案优化；完成加工现场的整理、设备和工量刀具的维护保养、工作日志的填写等工作。 在工作过程中，操作人员应严格执行企业操作规程、常用量具的保养规范、企业质量管理制度、安全生产制度、环保管理制度、现场管理制度等。	30
10	阀杆车削	某企业签订了加工一批阀杆的合同，数量为20件。生产部门将阀杆加工任务交予生产车间，要求2天内完成。现车间主管安排车工组完成该任务。 操作人员从生产主管处领取工作任务单和工艺文件，制订加工计划，准备材料、工具、量具、夹具、刀具及普通车床，按照现场要求进行生产。阀杆零件加工过程中，为了保证后续工序的加工要求，应当采用双顶尖装夹方法确保加工质量、工艺文件的要求及表	40

10	阀杆车削	面粗糙度的要求。根据零件检验单使用通用量具完成零件质量自检，并进行加工质量分析与工艺方案优化；完成加工现场的整理、设备和工量刃具的维护保养、工作日志的填写等工作。 　　在工作过程中，操作人员应严格执行企业操作规程、常用量具的保养规范、企业质量管理制度、安全生产制度、环保管理制度、现场管理制度等。	
11	拔销器车削 与装配	某企业有一些设备需要维修，设备上有一些销需要拆除但没有合适的工具。机修部门要求做一些不同型号的拔销器。拔销器的数量为3套，生产部门将图样交予生产车间，要求2天内完成。现车间主管安排车工组完成该任务。 　　操作人员从生产主管处领取工作任务单和工艺文件，制订加工计划，准备材料、工具、量具、夹具、刀具及普通车床，按照现场要求进行生产。拔销器主要是内、外圆柱面配合的加工，既要满足使用要求，又要具有较好的滑动配合。根据零件检验单使用通用量具完成零件质量自检，并进行加工质量分析与工艺方案优化；完成加工现场的整理、设备和工量刃具的维护保养、工作日志的填写等工作。 　　在工作过程中，操作人员应严格执行企业操作规程、常用量具的保养规范、企业质量管理制度、安全生产制度、环保管理制度、现场管理制度等。	40
12	千斤顶车削 与装配	某企业接到一批外形较大的零件的生产任务，需要加工一些千斤顶对零件进行支撑，该批千斤顶的数量为5套。生产部门将图样交予生产车间，要求2天内完成。现车间主管安排车工组完成该任务。 　　操作人员从生产主管处领取工作任务单和工艺文件，制订加工计划，准备材料、工具、量具、夹具、刀具及普通车床，按照现场要求进行生产。千斤顶主要是内外普通螺纹配合的加工，既要满足使用要求，又要具有较好的互换性。根据零件检验单使用通用量具完成零件质量自检，并进行加工质量分析与工艺方案优化；完成加工现场的整理、设备和工量刃具的维护保养、工作日志的填写等工作。 　　在工作过程中，操作人员应严格执行企业操作规程、常用量具的保养规范、企业质量管理制度、安全生产制度、环保管理制度、现场管理制度等。	50

| 13 | 万向节车削与装配 | 某企业签订了加工一批万向节的合同，数量为20套。生产部门将万向节加工与装配任务交予生产车间，要求2天内完成。现车间主管安排车工组完成该任务。

操作人员从生产主管处领取工作任务单和工艺文件，制订加工计划，准备材料、工具、量具、夹具、刀具及普通车床，按照现场要求进行生产。万向节的加工中主要应注意零件的精度、零件间的相互配合要求、几何精度的控制。根据零件检验单使用通用量具完成零件质量自检，并进行加工质量分析与工艺方案优化；完成加工现场的整理、设备和工量刃具的维护保养、工作日志的填写等工作。

在工作过程中，操作人员应严格执行企业操作规程、常用量具的保养规范、企业质量管理制度、安全生产制度、环保管理制度、现场管理制度等。 | 50 |
| 14 | 车床维护与保养 | 某企业加工车间的车床设备长时间使用，需要进行维护和保养，要求1天内完成。现车间主管安排车工组完成该任务。

操作人员从班组长处领取工作任务单，依据设备操作规程，查阅技术手册，制订维护与保养计划；根据工作任务单准备相关设备、工具；按照维护保养计划进行操作，完成车床维护保养工作；车床维护保养完毕自检后交班组长检验，清理工作现场，填写交接班记录，并提交给班组长。

在工作过程中，操作人员应严格执行企业操作规程、机床设备保养规范、企业质量管理制度、安全生产制度、环保管理制度、现场管理制度等。对维护保养产生的废件和废液依据《中华人民共和国固体废物污染环境防治法》要求，进行集中收集管理，再按废弃物管理规定进行处理，维护车间生产安全。 | 30 |

教学实施建议

1. 教学组织方式方法建议

运用行动导向的教学方法。为确保教学安全，增强教学效果，建议采用分组教学的方式（3~4人/组）；在完成工作任务的过程中，教师给予适当指导，注意培养学生团队合作精神、执行现场管理规定、安全操作和遵守工作制度等职业素养。

2. 教学资源配置建议

（1）教学场地

简单零件普通车床加工一体化学习工作站须具备良好的安全、照明和通风条件，可分为集中教学区、分组教学区、信息检索区、工具存放区、材料存放区和成果展示区，并配备多媒体教学设备与资料等。

（2）工具、材料、设备（按组配置）

通用工具（旋具、钳子、扳手）、车床专用工具（卡盘扳手、刀架台扳手）、夹具、刀具（外圆车刀、内孔车刀、端面车刀、外螺纹车刀、内螺纹车刀）、量具（游标卡尺、千分尺、检验棒）、毛坯（按备料通知单准备）、个人防护用品、切削液、润滑油、清洗剂、毛刷、普通车床、砂轮机等。

（3）教学资料

以工作页为主，配备教材、工作任务单、机床使用说明书、技术手册和行业、企业标准规范等。

教学考核要求

采用过程性考核和终结性考核相结合的方式。课程考核成绩 = 过程性考核成绩 ×70%+ 终结性考核成绩 ×30%。

1. 过程性考核（70%）

采用自我评价、小组评价和教师评价相结合的方式进行考核；让学生学会自我评价，教师要观察学生的学习过程，结合学生的自我评价、小组评价进行总评并提出改进建议。

（1）课堂考核：出勤、学习态度、课堂纪律、小组合作与展示等情况。

（2）作业考核：工作页的完成、课后练习等情况。

（3）阶段考核：纸笔测试、实操测试、口述测试。

2. 终结性考核（30%）

学生根据任务中的情境描述，制定螺纹轴车削方案，并按照行业、企业标准和规范，在规定时间内完成螺纹轴车削加工，达到客户要求。

考核任务案例：螺纹轴车削加工。

【情境描述】

某企业签订了加工一批螺纹轴的合同，该批零件共 200 件。生产部门将螺纹轴加工任务交予生产车间，要求 5 天内完成对螺纹轴的加工。现车间主管安排车工组完成该任务。

【任务要求】

根据任务的情境描述，按照图样、技术要求和行业规范标准，在 5 天内完成螺纹轴的加工。

（1）列出需要向生产主管了解的信息。

（2）按照图样和技术要求，依据零件的车床加工流程与规范制定加工工艺。

（3）确定螺纹轴加工所需的工具、量具、刀具。

（4）领取工具、量具、刀具和毛坯，完成螺纹轴的加工。

（5）规范地填写工作记录表，并及时提交生产主管，按照现场管理规定整理作业现场。

（6）对工作进行归纳、总结，并对加工工艺及工作流程提出改进建议。

（7）能遵守职业道德，具备环保意识和成本意识，养成爱护设备设施、文明生产等良好的职业素养。

【参考资料】

完成上述任务时，可以使用所有的常见教学资料，如工作页、教材、工作任务单、机床使用说明书、技术手册等。

（三）简单零件普通铣床加工课程标准

工学一体化课程名称	简单零件普通铣床加工	基准学时	180

典型工作任务描述

简单零件普通铣床加工是指按照安全文明生产规程、铣床操作规程及设备保养知识，使用普通铣床、夹具、刀具、量具、工具等，依据零件图样和加工要求在普通铣床上将毛坯加工成零件的过程。该类零件加工主要包括垫铁铣削、T形螺母铣削、压板铣削等。零件精度等级一般为IT10～IT8，表面粗糙度为$Ra3.2～1.6\ \mu m$。

操作人员从生产主管处接受任务并签字确认，根据工艺规程文件，明确加工尺寸精度要求，制订加工计划，准备材料、工具、量具、夹具及普通铣床；按照普通铣床的操作规程，正确装夹刀具和工件，合理选择切削用量、切削液，按照零件图样要求和铣削加工工艺切削工件。加工过程中要适时检测，使用通用量具、专用量具、表面粗糙度比较样块等进行零件质量校验，进行加工质量分析与工艺方案优化，确保质量；加工完毕规范地存放零件，送检并签字确认。

在工作过程中，操作人员应严格执行企业操作规程、常用量具的保养规范、企业质量管理制度、安全生产制度、环保管理制度、现场管理制度等。

工作内容分析

工作对象：	工具、材料、设备与资料：	工作要求：
1. 工作任务单的领取及阅读分析； 2. 技术手册及标准的查阅、图样的识读； 3. 设备、工具、量具、刀具、夹具、材料等的准备； 4. 简单零件普通铣床加工的实施； 5. 已完成零件的自检、互检。	1. 工具：通用工具（旋具、钳子、扳手）、铣床专用工具（分度头、平口钳扳手）、刀具（面铣刀、圆柱铣刀、盘铣刀、键槽铣刀）、夹具、量具（游标卡尺、千分尺、检验棒）等； 2. 材料：毛坯（按备料通知单准备）、个人防护用品、切削液、润滑油、清洗剂、毛刷等； 3. 设备：普通铣床、砂轮机； 4. 资料：工作任务单、操作规程、技术手册、工艺文件等。 **工作方法：** 1. 工作任务单的使用方法，技术手册的查阅方法，设备保养方法； 2. 铣削用量的选择方法； 3. 刀具刃磨的方法； 4. 工件装夹、找正方法； 5. 普通铣床操作方法； 6. 简单零件铣削方法； 7. 零件的质量检验方法； 8. 记录、评价、反馈和存档方法。	1. 依据工作任务单，明确工作时间、加工数量等要求，明确技术手册查阅范围，正确制订加工计划，选用铣削的切削用量； 2. 按照加工方案的要求准备设备、工具、量具、刀具、夹具、材料、辅具； 3. 按照企业工作规范完成简单零件的普通铣床加工； 4. 工作过程中具有一定的质量和成本意识，并遵守企业的安全生产制度、环保管理制度以及现场管理规定； 5. 对已完成的零件进行自检、互检，并进行记录、评价、反馈和存档。

劳动组织方式:	
1. 以独立或小组合作的方式进行; 2. 从班组长处领取工作任务单,从仓库领取工具、量具、夹具、刀具及毛坯材料等; 3. 实施简单零件普通铣床加工,必要时向班组长及师傅咨询加工情况; 4. 加工完毕,自检合格后交付质检员检验。	

课程目标

学习完本课程后,学生应当能够胜任简单零件普通铣床加工工作,包括:

1. 能阅读工作任务单,并能与生产主管等相关人员进行有效沟通,明确加工内容、时间和要求。

2. 能依据图样,查阅相关资料,明确简单零件普通铣床加工的工艺流程,制定工作方案,并根据工作方案,小组成员团结协作共同分析并制定加工工艺,正确领取所需的工具、量具、刃具及辅具。

3. 能按照简单零件普通铣床加工的工作流程与规范,在规定时间内采用划线、铣削、钻孔、攻螺纹等方法完成垫铁铣削、T形螺母铣削、压板铣削任务,具备规范、安全生产意识。

4. 能按产品质量检验单要求,使用通用量具、专用量具、表面粗糙度比较样块等规范地进行相应的自检,在工作任务单上正确填写加工完成的时间、加工记录以及自检结果,并进行产品质量分析及方案优化,具有精益求精的质量管控意识。

5. 能在工作完成后,执行现场管理制度、废弃物管理规定及常用量具的保养规范,完成加工现场的整理、设备和工量刃具的维护保养、工作日志的填写等工作。

6. 在工作过程中,能自我约束、服从管理、尊重他人,认真听取他人想法,进行有效的沟通与合作,创造积极向上的工作氛围。

7. 能依据零件汇报展示要求对工作过程进行资料收集整合,团结协作,利用多媒体设备和专业术语展示工作成果。

学习内容

本课程的主要学习内容包括:

一、工作任务单的领取及阅读分析

实践知识:工作任务单的领取及阅读分析;平面类零件加工要求的分析;工作任务单的使用。

理论知识:工作任务单、图样、工艺文件;垫铁、T形螺母、压板的类型及种类;平面、台阶、斜面、复合斜面的用途。

二、技术手册及标准的查阅、图样的识读

实践知识:平面类零件铣削相关技术标准查阅;平面类零件图的识读;平面类零件铣削加工工艺的识读;技术手册的查阅;平面类零件铣削方法的选择。

理论知识:铣床的结构、铣削的原理;平面类零件的铣削加工工艺;工件倾斜找正的知识;铣削多角度面的知识;几何公差的种类。

三、设备、工具、量具、夹具、材料等的准备

实践知识：平面类零件加工刀具的使用；平口钳的使用；常用量具的使用；平面类零件加工刀具的选择；平面类零件加工刀具的刃磨；切削液的选择；平面类零件的装夹与找正。

理论知识：铣床的类型；铣床通用夹具的种类、结构；刀具的用途及种类；平面类零件的定位与夹紧原理；平口钳的校正方法；砂轮的分类。

四、简单零件普通铣床加工的实施

实践知识：普通铣床的操作；平面类零件的铣削；零件加工前个人防护用品的穿戴；零件加工前现场安全防护措施的布置；现场整理和普通铣床的润滑及常规保养；平面类零件铣削用量的选择。

理论知识：铣床操作规程；铣削用量计算；提高平面表面质量的知识；不同形状毛坯装夹的知识；提高平面加工精度的知识；铣床日常维护与保养方法。

五、已完成零件的自检、互检

实践知识：外形尺寸的测量；内腔尺寸的测量；深度尺寸的测量；斜面、复合斜面的测量；平面类零件几何精度的测量；表面粗糙度比较样块的使用；提高斜面铣削精度的措施；斜面的精度检测分析；平面类零件检测量具的选择；平面类零件的质量检验。

理论知识：平面类零件的质量检验方法；平面类零件尺寸误差因素；游标卡尺、千分尺、游标万能角度尺的原理及工件测量方法。

六、通用能力、职业素养、思政素养

自主学习、自我管理、信息检索、理解与表达、交往与合作、创新思维、解决问题等通用能力，安全意识、质量意识、规范意识、效率意识、成本意识、环保意识、市场意识、服务意识等职业素养，以及劳模精神、劳动精神、工匠精神等思政素养。

参考性学习任务

序号	名称	学习任务描述	参考学时
1	垫铁铣削	某企业需要加工一批垫铁，数量为20件。生产部门将图样交予生产车间，工期为2天，材料由客户提供。现车间主管安排铣工组完成该任务。 　操作人员从生产主管处领取工作任务单和工艺文件，制定加工方案，依据加工工序要求，准备材料、工具、量具、夹具、刀具及普通铣床，按照现场要求进行生产。垫铁加工主要包括平面、垂直面、平行面等的铣削加工，为了满足使用要求，应在各部位留磨削余量。根据零件检验单使用通用量具完成零件质量自检，并进行加工质量分析与工艺方案优化；完成加工现场的整理、设备和工量刃具的维护保养、工作日志的填写等工作。 　在工作过程中，操作人员应严格执行企业操作规程、常用量具的保养规范、企业质量管理制度、安全生产制度、环保管理制度、现场管理制度等。	60

2	T形螺母铣削	某企业需要加工一批夹具装置，共50套，其中T形螺母为20件。生产部门将图样交予生产车间，工期为3天，材料由客户提供。现车间主管安排铣工组完成该任务。 操作人员从生产主管处领取工作任务单和工艺文件，制定加工方案，依据加工工序要求，准备材料、工具、量具、夹具、刀具及普通铣床，按照现场要求进行生产。T形螺母加工主要包括平面、垂直面、平行面、台阶的铣削加工及钻孔、套螺纹、切断等，为了保证后续工序的加工要求，应当确保工艺文件所要求的工序余量及表面粗糙度的要求。根据零件检验单使用通用量具完成零件质量自检，并进行加工质量分析与工艺方案优化；完成加工现场的整理、设备和工量刃具的维护保养、工作日志的填写等工作。 在工作过程中，操作人员应严格执行企业操作规程、常用量具的保养规范、企业质量管理制度、安全生产制度、环保管理制度、现场管理制度等。	60
3	压板铣削	某企业需要加工一批夹具装置，共50套，其中压板为20件。生产部门将图样交予生产车间，工期为1天，材料由客户提供。现车间主管安排铣工组完成该任务。 操作人员从生产主管处领取工作任务单和工艺文件，制定加工方案，依据加工工序要求，准备材料、工具、量具、夹具、刀具及普通铣床，按照现场要求进行生产。压板加工主要包括平面、垂直面、平行面、斜面、封闭键槽等的铣削加工，为了保证后续工序的加工要求，应当确保工艺文件所要求的工序余量及表面粗糙度的要求。根据零件检验单使用通用量具完成零件质量自检，并进行加工质量分析与工艺方案优化；完成加工现场的整理、设备和工量刃具的维护保养，工作日志的填写等工作。 在工作过程中，操作人员应严格执行企业操作规程、常用量具的保养规范、企业质量管理制度、安全生产制度、环保管理制度、现场管理制度等。	60

教学实施建议

1. 教学组织方式方法建议

运用行动导向的教学方法。为确保教学安全，增强教学效果，建议采用分组教学的方式（3~4人/组）；在完成工作任务的进程中，教师给予适当指导，注意培养学生团队合作、安全操作和遵守工作制度等职业素养。

2. 教学资源配置建议

（1）教学场地

简单零件普通铣床加工一体化学习工作站须具备良好的安全、照明和通风条件，可分为集中教学区、分组教学区、信息检索区、工具存放区、材料存放区和成果展示区，并配备多媒体教学设备与资料等。

（2）工具、材料、设备（按组配置）

通用工具（旋具、钳子、扳手）、铣床专用工具（分度头、平口钳扳手）、刀具（面铣刀、圆柱铣刀、盘铣刀、键槽铣刀）、夹具、量具（游标卡尺、千分尺、检验棒）、毛坯（按备料通知单准备）、个人防护用品、切削液、润滑油、清洗剂、毛刷、普通铣床、砂轮机等。

（3）教学资料

以工作页为主，配备教材、工作任务单、技术手册、机床使用说明书和行业、企业标准规范等。

教学考核要求

采用过程性考核和终结性考核相结合的方式。课程考核成绩 = 过程性考核成绩 ×70%+ 终结性考核成绩 ×30%。

1. 过程性考核（70%）

采用自我评价、小组评价和教师评价相结合的方式进行考核；让学生学会自我评价，教师要观察学生的学习过程，结合学生的自我评价、小组评价进行总评并提出改进建议。

（1）课堂考核：出勤、学习态度、课堂纪律、小组合作与展示等情况。

（2）作业考核：工作页的完成、课后练习等情况。

（3）阶段考核：纸笔测试、实操测试、口述测试。

2. 终结性考核（30%）

学生根据任务中的情境描述，制定六方螺母铣削加工方案，并按照行业、企业标准和规范，在规定时间内完成六方螺母铣削加工，达到客户要求。

考核任务案例：六方螺母铣削加工。

【情境描述】

某工厂生产新产品，需加工六方螺母 10 件。业务部门将图样交予生产车间，工期为 5 天。现车间主管安排铣工组完成该任务。

【任务要求】

根据任务的情境描述，按照机床使用及设备操作规范，在 5 天内完成六方螺母铣削加工。

（1）领取工作任务单，与生产主管等相关人员进行有效沟通，明确加工内容、时间和要求。

（2）分析图样，查阅相关资料，依据零件普通铣床加工作业流程与规范，在规定时间内列出工件的加工工艺。

（3）根据图样，正确选择切削用量，正确使用刀具、量具、工具，完成铣床加工工作。

（4）工件加工后测量，并进行误差分析及提出改进措施。

（5）列出设备日常使用的注意事项，填写交接班记录。

（6）规范地填写工作记录表，并及时提交生产主管，按照现场管理规定整理作业现场。

（7）对工作进行归纳总结，并对检验与调整方案及工作流程提出改进建议。

（8）能遵守职业道德，具备环保意识和成本意识，养成爱护设备设施、文明生产等良好的职业素养。

【参考资料】

完成上述任务时，可以使用所有的常见教学资料，如工作页、工作任务单、技术手册、机床使用说明书和行业、企业标准规范等教学资料。

（四）简单零件数控车床加工课程标准

工学一体化课程名称	简单零件数控车床加工	基准学时	180

典型工作任务描述

简单零件数控车床加工是指使用数控仿真软件、数控车床、夹具、刀具、量具、工具等，依据零件图样和加工要求在数控车床上（或在数控仿真软件中模拟）将毛坯加工成零件的过程。这类零件加工主要包括销轴数控车削、衬套数控车削等。零件精度等级一般为 IT10～IT8，表面粗糙度为 $Ra3.2～1.6\ \mu m$。

操作人员从生产主管处领取工作任务单，明确工作内容、时间和要求；查阅资料，明确加工尺寸精度要求，获取相关信息，制定加工方案；根据数控车床操作说明书，制定操作步骤，编制简单零件的数控车削加工程序，准备毛坯材料、工具、刀具、量具、夹具及数控车床，按照数控车床操作规程，正确装夹刀具和工件，合理选择切削用量、切削液，按照零件图样要求和数控车削加工工艺切削工件；加工过程中要适时检测，确保质量；自检后交付质检人员，使用通用量具、专用量具、表面粗糙度测量仪进行零件质量校验，进行加工质量分析与工艺方案优化；加工完毕规范地存放零件，送检并签字确认。

在工作过程中，操作人员应严格执行企业操作规程、常用量具的保养规范、企业质量管理制度、安全生产制度、环保管理制度、现场管理制度等。

工作内容分析

工作对象：	工具、材料、设备与资料：	工作要求：
1. 工作任务单的领取及阅读分析； 2. 技术手册及标准的查阅、图样的识读； 3. 设备、工具、量具、夹具、材料等的准备； 4. 简单零件数控车床加工的实施； 5. 已完成零件的自检、互检。	1. 工具：通用工具（扳手、铜锤）、数控车床专用工具（卡盘扳手、刀架台扳手）、刀具（外圆车刀、端面车刀、内孔车刀）、夹具、量具（游标卡尺、千分尺、检验棒）等； 2. 材料：毛坯（按备料通知单准备）、个人防护用品、切削液、润滑油、清洗剂、毛刷等； 3. 设备：计算机、数控车床、对刀仪； 4. 资料：工作任务单、操作规程、技术手册、工艺文件等。 **工作方法：** 1. 工作任务单的使用方法，技术手册的查阅方法； 2. 仿真软件的使用方法；	1. 依据工作任务单，明确工作时间、加工数量等要求，明确技术手册查阅范围，正确制定加工方案； 2. 按照加工方案的要求准备设备、工具、量具、刀具、夹具、材料、辅具； 3. 按照企业工作规范完成简单零件数控车床加工； 4. 工作过程中具有一定的质量和成本意识，并遵守企业的安全生产制度、

3. 数控车床的操作方法； 4. 夹具、工件的装夹方法； 5. 简单程序的编制方法； 6. 数控车床的保养方法； 7. 零件的质量检验方法； 8. 记录、评价、反馈、存档方法。 **劳动组织方式：** 1. 以独立或小组合作的方式进行； 2. 从班组长处领取工作任务单，从仓库领取工具、量具、夹具、刀具及毛坯材料等； 3. 实施简单零件数控车床加工，必要时向班组长及师傅咨询加工情况； 4. 加工完毕，自检合格后交付质检员检验。	环保管理制度以及现场管理规定； 5. 对已完成的零件进行自检、互检，并进行记录、评价、反馈和存档。

课程目标

学习完本课程后，学生应当能够胜任简单零件数控车床加工工作，包括：

1. 能阅读工作任务单，并能与生产主管等相关人员进行有效沟通，明确加工内容、时间和要求。

2. 能依据图样，查阅相关资料，明确简单零件数控车床加工的工艺流程，制定工作方案，并根据工作方案，小组成员团结协作共同分析并制定加工工艺，正确领取所需的工具、量具、刃具及辅具。

3. 能按照简单零件数控车床加工的工作流程与规范，在规定时间内采用直线插补指令、圆弧插补指令、辅助功能等编程指令完成销轴数控车削、衬套数控车削任务，具备规范、安全生产意识。

4. 能按产品质量检验单要求，使用通用量具、专用量具、表面粗糙度测量仪等规范地进行相应的自检，在工作任务单上正确填写加工完成的时间、加工记录以及自检结果，并进行产品质量分析及工艺方案优化，具有精益求精的质量管控意识。

5. 能在工作完成后，执行现场管理制度、废弃物管理规定及常用量具的保养规范，完成加工现场的整理、设备和工量刃具的维护保养、工作日志的填写等工作。

6. 在工作过程中，能自我约束、服从管理、尊重他人、认真听取他人想法，进行有效的沟通与合作，创造积极向上的工作氛围。

7. 能依据零件汇报展示要求对工作过程进行资料收集整合，团结协作，利用多媒体设备和专业术语展示工作成果。

学习内容

本课程的主要学习内容包括：

一、工作任务单的领取及阅读分析

实践知识：工作任务单的领取及阅读分析；销轴、衬套用途的分析；销轴、衬套加工工艺的识读；数控编程与加工工作计划的制订；工作任务单的使用。

理论知识：工作任务单、图样、工艺文件；零件结构工艺性分析；数控加工的内容；数控车削加工工序的划分原则；数控车削加工顺序的安排；加工路线的确定；基点的计算。

二、技术手册及标准的查阅、图样的识读

实践知识：销轴、衬套图样的识读；数控编程零件加工图样的分析；数控切削用量的选择；数控车床编程相关技术手册的查阅。

理论知识：销轴、衬套的视图表达；零件的种类、材料、尺寸精度。

三、设备、工具、量具、刀具、夹具、材料等的准备

实践知识：程序单的使用；量具、刃具、辅具的选择；数控车削刀具的领取与安装；个人防护用品的穿戴，加工安全措施的落实与确认；数控车床夹具的使用、调整；数控仿真软件的安装与使用。

理论知识：数控车床的结构；数控车削刀柄的种类与结构；数控车削刀具的特点；数控车床编程基础知识；车削端面、外圆、台阶、内孔的编程方法。

四、简单零件数控车床加工的实施

实践知识：销轴、衬套的数控车床加工；数控车床参数的设置；零件数控加工过程中适时测量误差的分析；数控车床的操作；简单程序的编制；数控车床的保养。

理论知识：数控车床操作规程；数控车床系统面板；工件坐标系设置；刀具偏置补偿、半径补偿与刀具参数输入；程序调试与运行方法。

五、已完成零件的自检、互检

实践知识：端面、外圆、台阶、内孔的加工过程检测；端面、外圆、台阶、内孔的加工质量分析；设备和工量刃具的维护保养。

理论知识：表面粗糙度的测量方法；孔的测量方法；角度的测量方法；内外轮廓的测量方法；零件尺寸误差原因分析及调整方法；检测报告、质量分析总结报告的撰写方法。

六、通用能力、职业素养、思政素养

自主学习、自我管理、信息检索、理解与表达、交往与合作、创新思维、解决问题等通用能力，安全意识、质量意识、规范意识、效率意识、成本意识、环保意识、市场意识、服务意识等职业素养，以及劳模精神、劳动精神、工匠精神等思政素养。

参考性学习任务

序号	名称	学习任务描述	参考学时
1	销轴数控车削	某企业接到了加工一批销轴的合同，数量为100件。生产部门将销轴加工任务交予生产车间，要求1天内完成。现车间主管安排数控车工组完成该任务。 　　操作人员从生产主管处领取工作任务单和图样，明确任务要求，分析图样及加工工艺，查阅相关技术资料及标准，根据图样和工期要求制定加工方案；按照加工方案准备工具、量具、刃具和设备；依据加工工艺和加工方案，完成销轴的端面、中心孔、外圆、沟槽、倒角的数控车削加工，操作过程中注意控制销轴的尺寸精度、同轴度、直线度。根据零件检验单使用通用量具完成零件质量自	90

		检，并进行加工质量分析与工艺方案优化；完成加工现场的整理、设备和工量刃具的维护保养、工作日志的填写等工作。 在工作过程中，操作人员应严格执行企业操作规程、常用量具的保养规范、企业质量管理制度、安全生产制度、环保管理制度、现场管理制度等。	
1	销轴数控车削		
2	衬套数控车削	某企业接到了加工一批衬套的合同，数量为100件。生产部门将衬套加工任务交予生产车间，要求2天内完成。现车间主管安排数控车工组完成该任务。 操作人员从生产主管处领取工作任务单和图样，明确任务要求，分析图样及加工工艺，查阅相关技术资料及标准，根据图样和工期要求制定加工方案；按照加工方案准备工具、量具、刃具和设备；依据加工工艺和加工方案，完成衬套的端面、外圆、内孔、倒角的数控车削加工，操作过程中注意衬套的长度尺寸精度要求较高，应为后续工序留有一定的磨削余量。根据零件检验单使用通用量具完成零件质量自检，并进行加工质量分析与工艺方案优化；完成加工现场的整理、设备和工量刃具的维护保养、工作日志的填写等工作。 在工作过程中，操作人员应严格执行企业操作规程、常用量具的保养规范、企业质量管理制度、安全生产制度、环保管理制度、工作现场管理制度等。	90

教学实施建议

1. 教学组织方式方法建议

运用行动导向的教学方法。为确保教学安全，增强教学效果，建议采用分组教学的方式（3~4人／组）；在完成工作任务的同时，教师给予适当指导，注意培养团队合作、安全操作和遵守工作制度等职业素养。

2. 教学资源配置建议

（1）教学场地

简单零件数控车床加工一体化学习工作站须具备良好的安全、照明和通风条件，可分为集中教学区、分组教学区、信息检索区、工具存放区、材料存放区和成果展示区，并配备多媒体教学设备与资料等。

（2）工具、材料、设备（按组配置）

通用工具（扳手、铜锤）、数控车床专用工具（卡盘扳手、刀架台扳手）、刀具（外圆车刀、端面车刀、内孔车刀）、夹具、量具（游标卡尺、千分尺、检验棒）、毛坯（按备料通知单准备）、个人防护用品、切削液、润滑油、清洗剂、毛刷、计算机、数控车床、对刀仪等。

（3）教学资料

以工作页为主，配备教材、工作任务单、技术手册、机床使用说明书、工作记录表和行业、企业规范标准等。

教学考核要求

采用过程性考核和终结性考核相结合的方式。课程考核成绩＝过程性考核成绩×70%＋终结性考核成绩×30%。

1. 过程性考核（70%）

采用自我评价、小组评价和教师评价相结合的方式进行考核；让学生学会自我评价，教师要观察学生的学习过程，结合学生的自我评价、小组评价进行总评并提出改进建议。考核内容包括：

（1）课堂考核：出勤、学习态度、课堂纪律、小组合作与展示等情况。

（2）作业考核：工作页的完成、课后练习等情况。

（3）阶段考核：纸笔测试、实操测试、口述测试。

2. 终结性考核（30%）

学生根据任务中的情境描述，制定中间轴车削加工方案，并按照行业企业标准和规范，在规定时间内完成中间轴车削加工，达到客户要求。

考核任务案例：中间轴车削加工。

【情境描述】

某企业签订了加工一批中间轴零件的合同，数量为100件。生产部门将中间轴零件加工任务交予生产车间，要求2天内完成中间轴零件加工。现车间主管安排数控车工组完成该任务。

【任务要求】

根据任务的情境描述，按照图样、技术要求和行业规范标准，在2天内完成中间轴车削加工。

（1）列出需要向生产主管了解的信息。

（2）按照图样和技术要求制定加工工艺。

（3）确定中间轴加工所需的工具、量具、刀具。

（4）领取工具、量具、刀具和毛坯，完成中间轴车削。

（5）规范地填写工作记录表，并及时提交生产主管，按照现场管理规定整理作业现场。

（6）对工作进行归纳、总结，并对加工工艺及工作流程提出改进建议。

（7）能遵守职业道德，具备环保意识和成本意识，养成爱护设备设施、文明生产等良好的职业素养。

【参考资料】

完成上述任务时，可以使用所有的常见教学资料，如工作页、教材、工作任务单、机床使用说明书、技术手册等。

（五）复杂零件普通车床加工课程标准

工学一体化课程名称	复杂零件普通车床加工	基准学时	420

典型工作任务描述

复杂零件普通车床加工是指按照安全文明生产规程、车床操作规程及设备保养知识，使用普通车床、夹具、刀具、量具、工具等，依据零件图和加工要求将毛坯在普通车床上加工成零件的过程。该类零件加工主要包括丝杠车削、螺母车削、蜗杆车削、锁紧轴车削、偏心套车削、轴承外圈车削、车床光杠车削、十字轴车削、回转顶尖车削与装配等。零件精度等级一般为 IT10 ~ IT8，表面粗糙度为 $Ra3.2 ~ 1.6~\mu m$。

操作人员从生产主管处接受任务并签字确认，根据工艺规程文件和交接班记录，明确加工尺寸精度要求，制订加工计划，准备材料、工具、量具、夹具及普通车床；按照普通车床操作规程，装夹刀具和工件，合理选择切削用量、切削液，按照零件图样要求和车削加工工艺切削工件，自检后交付质检人员，使用通用量具、专用量具、三坐标测量机、表面粗糙度测量仪等进行零件质量校验，进行加工质量分析与工艺方案优化；加工完毕规范地存放零件，送检并签字确认；规范地填写工作记录表，并及时提交生产主管。

在工作过程中，操作人员应严格执行企业操作规程、常用量具的保养规范、企业质量管理制度、安全生产制度、环保管理制度、现场管理制度等。

工作内容分析

工作对象：	工具、材料、设备与资料：	工作要求：
1. 工作任务单的领取及阅读分析； 2. 技术手册及标准的查阅、图样的识读； 3. 设备、工具、量具、夹具、材料等的准备； 4. 复杂零件普通车床加工的实施； 5. 已完成零件的自检、互检。	1. 工具：通用工具（扳手、铜锤）、车床专用工具（卡盘扳手、刀架台扳手）、刀具（外圆车刀、端面车刀、内孔车刀、内外螺纹车刀、切槽刀）、夹具、量具（游标卡尺、千分尺、检验棒）等； 2. 材料：毛坯（按备料通知单准备）、个人防护用品、切削液、润滑油、清洗剂、毛刷等； 3. 设备：普通车床、砂轮机； 4. 资料：工作任务单、操作规程、技术手册、工艺文件等。 **工作方法：** 1. 工作任务单的使用方法，技术手册的查阅方法，设备保养方法； 2. 工艺规程的编制方法； 3. 刀具刃磨方法； 4. 夹具的使用方法； 5. 工件的装夹、找正方法； 6. 梯形螺纹车削方法；	1. 依据工作任务单，明确工作时间、加工数量等要求，明确技术手册查阅范围，正确制订加工计划； 2. 按照加工方案的要求准备设备、工具、量具、刀具、夹具、材料、辅具； 3. 按照企业工作规范完成复杂零件普通车床加工； 4. 工作过程中具有一定的质量和成本意识，并遵守企业的安全生产制度、环保管理制度以及现场管理规定； 5. 对已完成的零件进行自检、互检，并进行记录、评价、反馈和存档。

7. 蜗杆车削方法； 8. 偏心零件车削方法； 9. 薄壁套车削方法； 10. 零件的质量检验方法； 11. 记录、评价、反馈、存档方法。 **劳动组织方式：** 1. 以独立或小组合作的方式进行； 2. 从班组长处领取工作任务单，从仓库领取工具、量具、夹具、刀具及毛坯材料等； 3. 实施复杂零件的普通车床加工，必要时向班组长及师傅咨询加工情况； 4. 加工完毕，自检合格后交付质检员检验。	

课程目标

学习完本课程后，学生应当能够胜任复杂零件普通车床加工工作，包括：

1. 能阅读工作任务单，并能与生产主管等相关人员进行有效沟通，明确加工内容、时间和要求。

2. 能依据图样，查阅相关资料，明确复杂零件普通车床加工的工艺流程，制定工作方案，并根据工作方案，小组成员团结协作共同分析并制定加工工艺，正确领取所需的工具、量具、刃具及辅具。

3. 能按照复杂零件普通车床加工的工作流程与规范，在规定时间内采用内外梯形螺纹、蜗杆、内外偏心、薄壁、细长轴加工方法完成丝杠车削、螺母车削、蜗杆车削、锁紧轴车削、偏心套车削、轴承外圈车削、车床光杠车削、十字轴车削、回转顶尖车削与装配任务，具备规范、安全生产意识。

4. 能按产品质量检验单要求，使用通用量具、专用量具或三坐标测量机、表面粗糙度测量仪等规范地进行相应的自检，在工作任务单上正确填写加工完成的时间、加工记录以及自检结果，并进行产品质量分析及方案优化，具有精益求精的质量管控意识。

5. 能在工作完成后，执行现场管理制度、废弃物管理规定及常用量具的保养规范，完成加工现场的整理、设备和工量刃具的维护保养、工作日志的填写等工作。

6. 在工作过程中，能自我约束、服从管理、尊重他人，认真听取他人想法，进行有效的沟通与合作，创造积极向上的工作氛围。

7. 能依据零件汇报展示要求对工作过程进行资料收集整合，团结协作，利用多媒体设备和专业术语展示工作成果。

学习内容

本课程的主要学习内容包括：

一、工作任务单的领取及阅读分析

实践知识：工作任务单的领取及阅读分析；复杂零件用途的分析及加工工艺的识读；复杂零件加工工作计划的制订；工作任务单的使用。

理论知识：工作任务单、图样、工艺文件；企业质量管理制度、工作现场管理规定；复杂零件结构工艺性分析方法；复杂零件车削加工工序的划分原则；复杂零件车削加工顺序的安排；复杂零件加工路线的确定方法；复杂零件数值的计算方法。

二、技术手册及标准的查阅、图样的识读

实践知识：丝杠、螺母、蜗杆、锁紧轴、偏心套、轴承外圈、车床光杠、十字轴、回转顶尖图样的识读；复杂零件加工图样的分析；复杂零件切削用量的选择；复杂零件加工相关技术手册、技术标准的查阅。

理论知识：复杂零件的种类、材料、尺寸精度；复杂零件普通车床加工工艺文件的制定方法。

三、设备、工具、刀具、量具、夹具、材料等的准备

实践知识：中心架、跟刀架的正确选择；辅助夹具、量具的正确选择；特殊夹具的使用、调整；复杂零件加工用车刀的选择和刃磨。

理论知识：特殊设备、工具、量具、辅具的种类、特点、用途；特殊材料的种类和特点。

四、复杂零件普通车床加工的实施

实践知识：梯形螺纹的车削；蜗杆的车削；偏心零件的车削；薄壁零件的车削；细长轴的车削；异形件的车削。

理论知识：复杂零件切削用量的选择；复杂零件加工步骤及车削技巧；复杂零件加工过程的检测与调整方法；减少和防止复杂零件质量缺陷的措施。

五、已完成零件的自检、互检

实践知识：偏心距的检测；细长轴的检测；薄壁零件的检测；十字轴的检测；蜗杆的检测；几何误差的检测。

理论知识：细长轴的质量分析；减少和防止薄壁工件变形的措施；偏心距的计算；复杂零件加工产生废品的原因及预防措施；记录、评价、反馈、存档的方法。

六、通用能力、职业素养、思政素养

自主学习、自我管理、信息检索、理解与表达、交往与合作、创新思维、解决问题等通用能力，安全意识、质量意识、规范意识、效率意识、成本意识、环保意识、市场意识、服务意识等职业素养，以及劳模精神、劳动精神、工匠精神等思政素养。

参考性学习任务

序号	名称	学习任务描述	参考学时
1	丝杠车削	某企业接到了加工一批丝杠的合同，数量为30件。生产部门将丝杠加工任务交予生产车间，要求3天内完成。现车间主管安排车工组完成该任务。 　　操作人员从生产主管处领取工作任务单和工艺文件，制订加工计划，准备材料、工具、量具、夹具、刀具及普通车床，按照现场要求进行生产。丝杠零件属于传动螺纹零件，在车床上主要加工外梯形螺纹、外沟槽等特征。加工过程中对梯形螺纹部位的加工要求较高，一般安排在零件的粗加工之后与精加工之前进行螺纹的车削加	50

1	丝杠车削	工。根据零件检验单使用通用量具完成零件质量自检，并进行加工质量分析与工艺方案优化；完成加工现场的整理、设备和工量刃具的维护保养、工作日志的填写等工作。 在工作过程中，操作人员应严格执行企业操作规程、常用量具的保养规范、企业质量管理制度、安全生产制度、环保管理制度、现场管理制度等。	
2	螺母车削	某企业签订了加工一批螺母的合同，数量为 50 件。生产部门将螺母加工任务交予生产车间，要求 2 天内完成。现车间主管安排车工组完成该任务。 操作人员从生产主管处领取工作任务单和工艺文件，制订加工计划，准备材料、工具、量具、夹具、刀具及普通车床，按照现场要求进行生产。螺母零件属于传动螺纹零件，在车床上主要加工内梯形螺纹等特征，加工过程中对梯形螺纹部位的加工要求较高，一般安排在零件的粗加工之后与精加工之前进行螺纹的车削加工。根据零件检验单使用通用量具完成零件质量自检，并进行加工质量分析与工艺方案优化；完成加工现场的整理、设备和工量刃具的维护保养、工作日志的填写等工作。 在工作过程中，操作人员应严格执行企业操作规程、常用量具的保养规范、企业质量管理制度、安全生产制度、环保管理制度、现场管理制度等。	40
3	蜗杆车削	某企业签订了加工一批蜗杆的合同，数量为 20 件。生产部门将蜗杆加工任务交予生产车间，要求 2 天内完成。现车间主管安排车工组完成该任务。 操作人员从生产主管处领取工作任务单和工艺文件，制订加工计划，准备材料、工具、量具、夹具、刀具及普通车床，按照现场要求进行生产。蜗杆零件属于旋转传动零件，在车床上主要加工模数螺纹、沟槽等特征，蜗杆部位的加工要求较高，加工过程采用两顶尖装夹对蜗杆进行精加工。根据零件检验单使用通用量具完成零件质量自检，并进行加工质量分析与工艺方案优化；完成加工现场的整理、设备和工量刃具的维护保养、工作日志的填写等工作。 在工作过程中，操作人员应严格执行企业操作规程、常用量具的保养规范、企业质量管理制度、安全生产制度、环保管理制度、现场管理制度等。	50

4	锁紧轴车削	某企业签订了加工一批锁紧轴的合同，数量为 100 件。生产部门将锁紧轴加工任务交予生产车间，要求 2 天内完成。现车间主管安排车工组完成该任务。 　操作人员从生产主管处领取工作任务单和工艺文件，制订加工计划，准备材料、工具、量具、夹具、刀具及普通车床，按照现场要求进行生产。锁紧轴零件属于偏心类零件，在车床上主要加工偏心外圆等特征，偏心部位的偏心距要求较高。加工过程中采用三爪自定心卡盘配合偏心垫片、两顶尖装夹，对锁紧轴进行精加工。根据零件检验单使用通用量具完成零件质量自检，并进行加工质量分析与工艺方案优化；完成加工现场的整理、设备和工量刃具的维护保养、工作日志的填写等工作。 　在工作过程中，操作人员应严格执行企业操作规程、常用量具的保养规范、企业质量管理制度、安全生产制度、环保管理制度、现场管理制度等。	40
5	偏心套车削	某企业签订了加工一批偏心套的合同，数量为 20 件。生产部门将偏心套加工任务交予生产车间，要求 2 天内完成。现车间主管安排车工组完成该任务。 　操作人员从生产主管处领取工作任务单和工艺文件，制订加工计划，准备材料、工具、量具、夹具、刀具及普通车床，按照现场要求进行生产。偏心套零件属于偏心类零件，在车床上主要加工偏心内圆等特征，偏心部位的偏心距要求较高。加工过程中采用三爪自定心卡盘配合偏心垫片、偏心卡盘装夹，对偏心套进行精加工。根据零件检验单使用通用量具完成零件质量自检，并进行加工质量分析与工艺方案优化；完成加工现场的整理、设备和工量刃具的维护保养、工作日志的填写等工作。 　在工作过程中，操作人员应严格执行企业操作规程、常用量具的保养规范、企业质量管理制度、安全生产制度、环保管理制度、现场管理制度等。	50
6	轴承外圈车削	某轴承厂需要一批轴承外圈，数量为 1 000 件。生产部门将轴承外圈加工任务交予生产车间，要求 3 天内完成。现车间主管安排车工组完成该任务。 　操作人员从生产主管处领取工作任务单和工艺文件，制订加工计划，准备材料、工具、量具、夹具、刀具及普通车床，按照现场要求进行生产。轴承外圈零件属于薄壁类零件，在车床上主要加工内外圆、内圆弧槽等特征。加工过程中应采用薄壁件的车削方法，以	40

6	轴承外圈车削	保证内外圆的同轴度和圆度、圆弧槽的尺寸精度、表面粗糙度要求。根据零件检验单使用通用量具完成零件质量自检，并进行加工质量分析与工艺方案优化；完成加工现场的整理、设备和工量刃具的维护保养、工作日志的填写等工作。 在工作过程中，操作人员应严格执行企业操作规程、常用量具的保养规范、企业质量管理制度、安全生产制度、环保管理制度、现场管理制度等。	
7	车床光杠车削	某机床厂需要一批车床光杠，数量为 20 件。生产部门将车床光杠加工任务交予生产车间，要求 1.5 天内完成。现车间主管安排车工组完成该任务。 操作人员从生产主管处领取工作任务单和工艺文件，制订加工计划，准备材料、工具、量具、夹具、刀具及普通车床，按照现场要求进行生产。车床光杠零件属于细长轴类零件，在车床上主要加工外圆等特征，外圆部位的尺寸精度、几何精度要求较高。加工过程中采用中心架、跟刀架装夹，对车床光杠进行精加工。加工过程中应采用细长轴的车削方法，以保证外圆的直线度、圆度和表面粗糙度要求。根据零件检验单使用通用量具完成零件质量自检，并进行加工质量分析与工艺方案优化；完成加工现场的整理、设备和工量刃具的维护保养、工作日志的填写等工作。 在工作过程中，操作人员应严格执行企业操作规程、常用量具的保养规范、企业质量管理制度、安全生产制度、环保管理制度、现场管理制度等。	50
8	十字轴车削	某企业签订了加工一批十字轴的合同，数量为 100 件。生产部门将十字轴加工任务交予生产车间，要求 2 天内完成。现车间主管安排车工组完成该任务。 操作人员从生产主管处领取工作任务单和工艺文件，制订加工计划，准备材料、工具、量具、夹具、刀具及普通车床，按照现场要求进行生产。十字轴零件属于异形类零件，在车床上主要加工内外圆、沟槽、螺纹等特征，各部位的尺寸精度、几何精度要求较高，加工过程中采用四爪单动卡盘装夹，对十字轴进行精加工。加工过程中应采用十字轴矫正方法和车削方法，以保证各个方向的位置要求。根据零件检验单使用通用量具完成零件质量自检，并进行加工质量分析与工艺方案优化；完成加工现场的整理、设备和工量刃具的维护保养、工作日志的填写等工作。	40

8	十字轴车削	在工作过程中，操作人员应严格执行企业操作规程、常用量具的保养规范、企业质量管理制度、安全生产制度、环保管理制度、现场管理制度等。	
9	回转顶尖车削与装配	某企业签订了加工一批回转顶尖的合同，数量为 10 套。生产部门将回转顶尖加工与装配任务交予生产车间，要求 3 天内完成。现车间主管安排车工组完成该任务。 　　操作人员从生产主管处领取工作任务单和工艺文件，制订加工计划，准备材料、工具、量具、夹具、刀具及普通车床，按照现场要求进行生产。回转顶尖属于配合类零件，在车床上加工主要注意零件的精度、零件间的相互配合要求、几何精度的控制，且要求回转顶尖具有较好的回转精度。加工过程中应采用热处理和合理的加工工艺进行精加工。根据零件检验单使用通用量具完成零件质量自检，并进行加工质量分析与工艺方案优化；完成加工现场的整理、设备和工量刃具的维护保养、工作日志的填写等工作。 　　在工作过程中，操作人员应严格执行企业操作规程、常用量具的保养规范、企业质量管理制度、安全生产制度、环保管理制度、现场管理制度等。	60

教学实施建议

1. 教学组织方式方法建议

运用行动导向的教学方法。为确保教学安全，增强教学效果，建议采用分组教学的方式（3~4 人/组）；在完成工作任务的过程中，教师给予适当指导，注意培养学生独立分析与解决专业问题的能力。

2. 教学资源配置建议

（1）教学场地

复杂零件普通车床加工一体化学习工作站须具备良好的安全、照明和通风条件，可分为集中教学区、分组教学区、信息检索区、工具存放区、材料存放区和成果展示区，并配备多媒体教学设备与资料等。

（2）工具、材料、设备（按组配置）

通用工具（扳手、铜锤）、车床专用工具（卡盘扳手、刀架台扳手）、刀具（外圆车刀、端面车刀、内孔车刀、内外螺纹车刀、切槽刀）、夹具、量具（游标卡尺、千分尺、检验棒）、毛坯（按备料通知单准备）、个人防护用品、切削液、润滑油、清洗剂、毛刷、普通车床、砂轮机等。

（3）教学资料

以工作页为主，配备教材、工作任务单、技术手册、机床使用说明书、工作记录表和行业、企业规范标准等。

教学考核要求

采用过程性考核和终结性考核相结合的方式。课程考核成绩 = 过程性考核成绩 × 70%+ 终结性考核成绩×30%。

1. 过程性考核（70%）

采用自我评价、小组评价和教师评价相结合的方式进行考核，让学生自我评价，教师要观察学生的学习过程，结合学生的自我评价、小组评价进行总评并提出改进建议。考核内容包括：

（1）课堂考核：出勤、学习态度、课堂纪律、小组合作与展示等情况。

（2）作业考核：工作页的完成、课后练习等情况。

（3）阶段考核：纸笔测试、实操测试、口述测试。

2. 终结性考核（30%）

学生根据任务中的情境描述，制定双线梯形螺纹轴车削方案，并按照行业、企业标准和规范，在规定时间内完成双线梯形螺纹轴车削加工，达到客户要求。

考核任务案例：双线梯形螺纹轴车削加工。

【情境描述】

某企业签订了加工一批双线梯形螺纹轴零件的合同，数量为500件。生产部门将双线梯形螺纹轴零件加工任务交予生产车间，要求10天内完成双线梯形螺纹轴零件加工。现车间主管安排车工组完成该任务。

【任务要求】

根据任务的情境描述，按照图样、技术要求和行业规范标准，在10天内完成双线梯形螺纹轴车削加工。

（1）列出需要向生产主管了解的信息。

（2）按照图样和技术要求制定加工工艺。

（3）确定双线梯形螺纹轴加工所需的工具、量具、刀具。

（4）领取工具、量具、刀具和毛坯，完成双线梯形螺纹轴车削。

（5）规范地填写工作记录表，并及时提交生产主管，按照现场管理规定整理作业现场。

（6）对工作进行归纳、总结，并对加工工艺及工作流程提出改进建议。

（7）能遵守职业道德，具备环保意识和成本意识，养成爱护设备设施、文明生产等良好的职业素养。

【参考资料】

完成上述任务时，可以使用所有的常见教学资料，如工作页、教材、工作任务单、机床使用说明书、技术手册等。

（六）车床精度检测与调整课程标准

工学一体化课程名称	车床精度检测与调整	基准学时	60

典型工作任务描述

车床精度是影响加工质量的一个重要因素。如果车床精度较差，加工时会使工件产生各种缺陷。车床精度主要包括几何精度和工作精度。车床精度检测与调整是指使用检验用的各种工具、量具、量仪等，依据车床的验收标准对车床的几何精度、工作精度等进行检测与调整的过程，主要内容包括新车床验收、车床精度检测、车床精度调整等。

操作人员从设备管理主管处接受任务，进一步确认新车床验收项目、车床精度检测及调整项目并签字确认；根据新车床验收项目、车床精度检测及调整内容，查阅技术资料，确定新机床验收方案与车床几何精度、工作精度的检测及调整方案，利用工具、量具、量仪、样件等对车床精度进行相应的综合检测。

操作人员参照车床几何精度、工作精度的技术标准，车床运行安全技术条件，企业环保管理规定等，依据车床几何精度、工作精度检测规范和车床使用手册等相关技术要求进行新车床验收和车床几何精度、工作精度检测；通过试件切削、机床精度检测结果与车床精度技术标准对比进行车床精度的调整。新车床验收、车床精度检测与调整完毕，按照现场管理规定清理场地，规范存放工具、量具、量仪、样件等，记录有关检测数据，撰写车床精度检测报告，交检、验收并签字确认。

在工作过程中，操作人员应严格执行企业操作规程、常用量具的保养规范、企业质量管理制度、安全生产制度、环保管理制度、现场管理制度等。

工作内容分析		
工作对象： 1. 工作任务单的领取及阅读分析； 2. 技术手册及标准的查阅、图样的识读； 3. 设备、工具、量具、夹具、材料等的准备； 4. 新车床验收、车床精度检测与调整的实施； 5. 已完成零件的自检、互检。	**工具、材料、设备与资料：** 1. 工具：通用工具（旋具、钳子、扳手）、车床专用工具（卡盘扳手、刀架台扳手）、刀具（外圆车刀、端面车刀、内孔车刀）、夹具、量具及量仪（游标卡尺、千分尺、检验棒、水平仪）等； 2. 材料：试件（按备料通知单准备）、个人防护用品、切削液、润滑油、清洗剂、毛刷等； 3. 设备：普通车床； 4. 资料：工作任务单、操作规程、技术手册、工艺文件等。 **工作方法：** 1. 工作任务单的使用方法，技术手册的查阅方法，设备保养方法； 2. 新车床验收方法； 3. 普通车床几何精度检测方法； 4. 普通车床几何精度调整方法； 5. 普通车床工作精度检测方法； 6. 普通车床操作方法； 7. 普通车床维护保养方法； 8. 记录、评价、反馈、存档方法。 **劳动组织方式：** 1. 以独立或小组合作的方式进行；	**工作要求：** 1. 依据工作任务单，明确工作时间要求，明确技术手册查阅范围，制定车床精度检测与调整方案； 2. 按照工作方案的要求准备设备、工具、量具、夹具、试件、辅具； 3. 按照企业工作规范完成新车床验收、车床精度检测与调整； 4. 工作过程中具有一定的质量和成本意识，并遵守企业的安全生产制度、环保管理制度以及现场管理规定； 5. 对已完成的零件进行自检、互检，并进行记录、评价、反馈和存档。

2. 从班组长处领取工作任务单，从仓库领取工具、量具、夹具、刀具及试件等；

3. 实施新车床验收、车床精度检测与调整，必要时向班组长及师傅咨询加工情况；

4. 加工完毕，自检合格后交付质检员检验。

课程目标

学习完本课程后，学生应当能够胜任新车床验收、车床精度检测与调整的工作，包括：

1. 能阅读工作任务单，与生产主管等相关人员进行有效沟通，明确检测和调整项目、时间和要求。

2. 能依据工作任务单内容，查阅相关资料，明确车床精度检测与调整工艺流程，制定新车床验收、车床精度检测与调整方案。

3. 能按照车床精度检测与调整的工作流程与规范，在规定时间内采用工具、量具、量仪、样件、试件、调整设备等，完成新车床验收、车床精度检测、车床精度调整任务，具备规范、安全生产意识。

4. 能按企业规范进行自检，确认后提交生产部门进行验收。

5. 能通过自主学习对工作过程进行归纳、总结，并对车床精度检测与调整方案及工作流程提出改进建议；规范地填写工作记录表，并及时提交生产主管，按照现场管理规定整理作业现场。

6. 能遵守职业道德，具备环保意识和成本意识，养成爱护设备设施、文明生产等良好的职业素养。

学习内容

本课程的主要学习内容包括：

一、工作任务单的领取及阅读分析

实践知识：工作任务单的领取及阅读分析；维护保养手册的查阅；车床日常维护与精度校正工作任务、工作时间等要求的分析；工作任务单的使用。

理论知识：工作任务单、图样、工艺文件；车床类型的划分；CA6140 型卧式车床的基本结构；车床检测的内容、时间和要求；车床日常维护与精度校正一般步骤；车床日常维护与精度校正作业规范。

二、技术手册及标准的阅读、图样的识读

实践知识：车床几何精度的检测项目及允差相关技术标准的查阅；车床工作精度的检测项目及允差相关技术标准的查阅；新车床验收、车床精度检测与调整工作方案的制定；车床精度检测与调整的工艺分析；技术手册的查阅。

理论知识：新车床验收的一般步骤；新车床验收检验项目；车床精度检测项目。

三、设备、工具、量具、夹具、材料等的准备

实践知识：车床几何精度检测工具的使用；车床工作精度检测工具的使用。

理论知识：精密水平仪的原理；指示器的原理；电传感器的原理；圆度仪的原理。

四、新车床验收、车床精度检测与调整的实施

实践知识：车床导轨的直线度与平行度的检测；床鞍移动在水平面内的直线度的检测；尾座移动对床鞍移动的平行度的检测；主轴轴线对床鞍纵向移动的平行度的检测；主轴和尾座两顶尖的等高度检

测；车床圆度、圆柱度、平面度、长螺纹的螺距累积误差的检测；车床精度调整。

理论知识：普通车床维护与保养知识；精度校正时的注意事项；企业质量管理体系、现场管理制度。

五、已完成工作任务的自检、互检

实践知识：产品质量检测报告单的填写；评价表的使用；产品质量检测资料的归档。

理论知识：车床精度检测与调整方案的优化；检测报告、质量分析总结报告的撰写方法。

六、通用能力、职业素养、思政素养

自主学习、自我管理、信息检索、理解与表达、交往与合作、创新思维、解决问题等通用能力，安全意识、质量意识、规范意识、效率意识、成本意识、环保意识、市场意识、服务意识等职业素养，以及劳模精神、劳动精神、工匠精神等思政素养。

参考性学习任务

序号	名称	学习任务描述	参考学时
1	新车床验收	企业采购一批车床，车床型号为CA6140，交予生产车间车工组完成新车床的验收，工期为3天。经过分析，车床安装、调试检测项目包括床身导轨的直线度与平行度检测、床鞍移动在水平面内的直线度检测、尾座移动对床鞍移动的平行度检测、主轴轴线对床鞍纵向移动的平行度检测、主轴和尾座两顶尖的等高度检测。 检测人员从验收主管处领取工作任务单和车床使用说明书，明确检测任务要求，分析检测项目及检测工艺，查阅相关技术手册及标准，根据任务工期要求和车床几何精度项目检测标准制定检测方案。按照制定的检测方案，准备相关的检测工具和设备，使用百分表、千分表、表座、表架、检验棒、水平仪完成对车床的几何精度检测。检测过程中为了保证车床几何精度检测要求，应当确保量具、量仪的精度，检验棒与检测部件的清洁；正确使用水平仪、百分表、千分表；按照检测规范进行检测，填写车床几何精度检测报告单。车床几何精度检测主要内容是直线度、平行度和等高度。检测过程中依据车床几何精度检验项目要求进行，确保检测结果正确。 在工作过程中，严格执行量具、量仪操作规范，车床几何精度检验标准，现场管理规定，检测工具及设备保养制度等。车床安装与调试完毕，交付生产主管验收，填写交接记录并存档。对工作产生的废件和废液依据《中华人民共和国固体废物污染环境防治法》要求，进行集中收集管理，再按废弃物管理规定进行处理，维护车间生产安全。	20
2	车床精度检测	企业采购一批车床，车床型号为CA6140，机床维修组已将车床安装完毕，现交予生产车间车工组完成车床精度的检测，工期为	20

| 2 | 车床精度检测 | 2.5 天。经过分析，车床工作精度检测项目包括外圆的圆度、圆柱度、端面的平面度、300 mm 长螺纹的螺距累积误差等。

检测人员从验收主管处领取工作任务单和车床使用说明书，明确验收任务要求，分析检测项目及检测工艺，查阅相关技术手册及标准，根据任务工期要求和车床精度项目检验标准制定检测方案。按照制定的检测方案，准备相关的检测工具、设备和试件，使用外径千分尺、塞尺、千分表、磁性表座、专用精密检验螺距工具完成对车床工作精度的检测。检测过程中为了保证车床工作精度检测要求，应当确保量具与量仪的精度、专用检测工具与检测部件的清洁；正确使用外径千分尺、塞尺、千分表、磁性表座、专用精密检验螺距工具；按照检测规范进行检测，填写车床工作精度检测报告单。车床工作精度检测主要内容是圆度、圆柱度、平面度。检测过程中，依据车床工作精度检验项目要求进行，确保检测结果正确。

在工作过程中，严格执行量具、量仪和专用检测工具的操作规范，车床工作精度检验标准，现场管理规定，检测工具及设备保养制度等。车床工作精度检测完毕，交付生产主管验收，填写交接记录并存档。对工作产生的废件和废液依据《中华人民共和国固体废物污染环境防治法》要求，进行集中收集管理，再按废弃物管理规定进行处理，维护车间生产安全。 | |
| 3 | 车床精度调整 | 某企业委托生产车间车削一批脱粒机主轴，数量为 1 000 件，工期为 3 天。车间主管安排车工组使用 CA6140 型车床完成该批零件的加工。在对首件进行检验时发现该零件存在圆度误差且表面产生波纹。为保证零件质量，经过分析确定上述问题是由车床主轴轴承间隙过大造成，需对车床主轴轴承间隙进行调整。调整项目为车床主轴前、后轴承间隙。

操作人员从车间主管处领取工作任务单和车床使用说明书，明确调整任务要求，分析调整项目及调整工艺，查阅相关技术手册及标准，根据任务工期要求和车床主轴调整项目标准制定调整方案。按照制定的调整方案，准备相关的调整工具和设备，使用内六角扳手、大号钩头锁紧扳手、活扳手、旋具、锤子完成对车床主轴轴承间隙的调整。调整过程中为了保证车床主轴精度要求，应按操作规程作业，确保调整工具的清洁；正确使用内六角扳手、大号钩头锁紧扳手、活扳手、旋具、锤子等工具；按照调整规范进行调整，填写车床调整维修报告单。对车床主轴轴承间隙进行调整时应注意主 | 20 |

| 3 | 车床精度调整 | 轴松紧度和主轴组件的旋转精度。调整过程中依据车床主轴轴承调整项目要求进行，确保调整结果正确。

　　在工作过程中，严格执行调整工具操作规范、主轴松紧度和主轴组件的旋转精度检验标准、现场管理规定、检测工具及设备保养制度等。车床调整完毕，交付业务主管验收，填写交接记录并存档。对工作产生的废件和废液依据《中华人民共和国固体废物污染环境防治法》要求，进行集中收集管理，再按废弃物管理规定进行处理，维护车间生产安全。 | |

教学实施建议

1. 教学组织方式方法建议

运用行动导向的教学方法。为确保教学安全，增强教学效果，建议采用分组教学的方式（6～8人/组）；在完成工作任务的过程中，教师给予适当指导，注意培养学生独立分析与解决专业问题的能力。

2. 教学资源配置建议

（1）教学场地

车床精度检测与调整一体化学习工作站须具备良好的安全、照明和通风条件，可分为集中教学区、分组教学区、信息检索区、工具存放区、材料存放区和成果展示区，并配备多媒体教学设备与资料等。

（2）工具、材料、设备（按组配置）

通用工具（旋具、钳子、扳手）、车床专用工具（卡盘扳手、刀架台扳手）、夹具、量具及量仪（游标卡尺、千分尺、检验棒、水平仪）、试件（按备料通知单准备）、个人防护用品、切削液、润滑油、清洗剂、毛刷、普通车床等。

（3）教学资料

以工作页为主，配备教材、工作任务单、项目验收方案、机床使用说明书、技术手册和行业、企业规范标准等。

教学考核要求

采用过程性考核和终结性考核相结合的方式。课程考核成绩＝过程性考核成绩 ×70%+ 终结性考核成绩 ×30%。

1. 过程性考核（70%）

采用自我评价、小组评价和教师评价相结合的方式进行考核；让学生学会自我评价，教师要观察学生的学习过程，结合学生的自我评价、小组评价进行总评并提出改进建议。考核内容包括：

（1）课堂考核：出勤、学习态度、课堂纪律、小组合作与展示等情况。

（2）作业考核：工作页的完成、课后练习等情况。

（3）阶段考核：纸笔测试、实操测试、口述测试。

2. 终结性考核（30%）

学生根据任务中的情境描述，制定车床主轴精度检测与调整方案，并按照行业、企业规范标准，在规定时间内完成车床主轴精度检测与调整，达到客户要求。

考核任务案例：车床主轴精度检测与调整。

【情境描述】

某公司对机械加工车间的设备进行保养时，发现 CA6140 型普通车床主轴轴向有轻微的窜动。为保证车床主轴的回转精度，需对车床的主轴精度进行检测与调整。现车间生产主管要求车工组在 10 天内完成该任务。

【任务要求】

根据任务的情境描述，按照机床使用说明书和企业作业规范，在 10 天内完成车床主轴检测与调整任务。

（1）列出需要向生产主管了解的信息。

（2）进行主轴精度检测与调整方案的制定。

（3）列出进行主轴精度检测与调整所需的量具和工具。

（4）进行主轴精度检测与调整。

（5）列出车床日常使用的注意事项，并说明理由。

（6）规范地填写工作记录表，并及时提交生产主管，按照现场管理规定整理作业现场。

（7）对工作进行归纳、总结，并对检测与调整方案及工作流程提出改进建议。

（8）能遵守职业道德，具备环保意识和成本意识，养成爱护设备设施、文明生产等良好的职业素养。

【参考资料】

完成上述任务时，可以使用所有的常见教学资料，如工作页、教材、设备清单、车床使用说明书和技术手册等。

（七）零件数控车床编程与加工课程标准

工学一体化课程名称	零件数控车床编程与加工	基准学时	180
典型工作任务描述			

零件数控车床编程与加工是指使用数控车床、夹具、刀具、量具、工具等，依据零件图样和加工要求在数控车床上将毛坯加工成零件的过程。这类零件加工主要包括传动轴数控车削、螺栓数控车削、手柄数控车削等。零件精度一般为 IT10 ~ IT8，表面粗糙度为 $Ra3.2 \sim 1.6\ \mu m$。

操作人员从生产主管处领取工作任务单，明确工作内容、时间和要求；查阅资料，明确加工尺寸精度要求，获取相关信息，制定加工方案；根据零件加工工艺规程文件，制定零件加工工序，编制零件加工程序，准备毛坯材料、工具、量具、刀具、夹具及数控车床；按照数控车床操作规程，正确装夹刀具和工件，合理选择切削用量、切削液，按零件图样要求和加工工艺切削工件。加工过程中要适时检测，确保质量；自检后交付质检人员，使用通用量具、专用量具、三坐标测量机、表面粗糙度测量仪等进行零件质量校验，进行加工质量分析与工艺方案优化；加工完毕规范地存放零件，送检并签字确认。

在工作过程中，操作人员应严格执行企业操作规程、常用量具的保养规范、企业质量管理制度、安全生产制度、环保管理制度、现场管理制度等。

工作内容分析

工作对象：	工具、材料、设备与资料：	工作要求：
1. 工作任务单的领取及阅读分析； 2. 技术手册及标准的查阅、图样的识读； 3. 设备、工具、量具、夹具、材料、辅具等的准备； 4. 零件数控车床编程与加工的实施； 5. 已完成零件的自检、互检。	1. 工具：通用工具（扳手、铜锤）、数控车床专用工具（卡盘扳手、刀架台扳手）、刀具（外圆车刀、端面车刀、外螺纹车刀）、夹具、量具（游标卡尺、千分尺、检验棒）等； 2. 材料：毛坯（按备料通知单准备）、个人防护用品、切削液、润滑油、清洗剂、毛刷等； 3. 设备：数控车床、对刀仪； 4. 资料：工作任务单、操作规程、技术手册、工艺文件等。 **工作方法：** 1. 工作任务单的使用方法，技术手册的查阅方法，设备保养方法； 2. 工件装夹、找正方法； 3. 数控车床操作方法； 4. 零件的质量检验方法； 5. 记录、评价、反馈、存档方法。 **劳动组织方式：** 1. 以独立或小组合作的方式进行； 2. 从班组长处领取工作任务单，从仓库领取工具、量具、夹具、刀具及毛坯材料等； 3. 实施零件数控车床编程与加工，必要时向班组长及师傅咨询加工情况； 4. 加工完毕，自检合格后交付质检员检验。	1. 依据工作任务单，明确工作时间、加工数量等要求，明确技术手册查阅范围，正确制定加工方案； 2. 按照加工方案的要求准备设备、工具、量具、刀具、夹具、材料、辅具； 3. 按照企业工作规范完成零件数控车床编程与加工； 4. 工作过程中具有一定的质量和成本意识，并遵守企业的安全生产制度、环保管理制度以及现场管理规定； 5. 对已完成的零件进行自检、互检，并进行记录、评价、反馈和存档。

课程目标

学习完本课程后，学生应当能够胜任数控车床编程与加工工作，包括：

1. 能阅读工作任务单，并能与生产主管等相关人员进行有效沟通，明确加工内容、时间和要求。

2. 能依据图样，查阅相关资料，明确零件数控车床编程与加工的工艺流程，制定工作方案，并根据工作方案，小组成员团结协作共同分析并制定加工工艺，正确领取所需的工具、量具、刀具及辅具。

3. 能按照零件数控车床编程与加工的工作流程与规范，在规定时间内采用直线插补指令、圆弧插补指令、固定循环指令、复合循环指令、辅助功能等完成传动轴数控车削、螺栓数控车削、车床手柄数控车削任务，具备规范、安全生产意识。

4. 能按产品质量检验单要求，使用通用量具、专用量具、三坐标测量机、表面粗糙度测量仪等规范地进行相应的自检，在工作任务单上正确填写加工完成的时间、加工记录以及自检结果，并进行产品质量分析及方案优化，具有精益求精的质量管控意识。

5. 能在工作完成后，执行现场管理制度、废弃物管理规定及常用量具的保养规范，完成加工现场的整理、设备和工量刃具的维护保养、工作日志的填写等工作。

6. 在工作过程中，能自我约束、服从管理、尊重他人，认真听取他人想法，进行有效的沟通与合作，创造积极向上的工作氛围。

7. 能依据零件汇报展示要求对工作过程进行资料收集整合，团结协作，利用多媒体设备和专业术语展示工作成果。

学习内容

本课程的主要学习内容包括：

一、工作任务单的领取及阅读分析

实践知识：工作任务单的领取及阅读分析；工作任务单的使用。

理论知识：工作任务单、图样、工艺文件；数控车床加工的内容；数控车削加工工序的划分原则。

二、技术手册及标准的查阅、图样的识读

实践知识：未注尺寸公差的查阅；相关资料的查阅与信息的整理；传动轴、螺栓和手柄加工方案的制定；数控车床编程加工相关技术手册、技术标准的查阅。

理论知识：传动轴、螺栓和手柄零件图样；数控车床加工的内容；数控车床加工顺序的安排；加工路线。

三、设备、工具、刀具、量具、夹具、材料等的准备

实践知识：数控车削刀具的安装与调试；个人防护用品的穿戴，加工安全措施落实与确认；数控车床夹具的使用与调整；设备和工量刃具的维护保养。

理论知识：刀具的种类、用途、特点；设备、工具、量具、夹具、材料、辅具的选择方法。

四、零件数控车床加工的实施

实践知识：传动轴、螺栓、手柄零件的车削过程检测与调整；程序的输入；传动轴、螺栓、手柄的数控加工；基点计算；程序校验；切削用量的选择；端面、外圆、倒角、普通螺纹、内孔、手柄成形面、中心孔、工艺台阶的车削；数控车床的操作。

理论知识：固定循环和子程序的编程；基点的概念；切削用量的确定方法；现场管理、安全生产和环保管理制度。

五、已完成零件的自检、互检

实践知识：普通螺纹、外圆、曲面的检测；传动轴、螺栓、手柄零件的自检、互检；工量刃具的规范维护保养；工作日志的填写。

理论知识：检验方法的选择；检测报告、质量分析总结报告的撰写方法；工量刃具的维护保养知识；零件尺寸误差原因分析及调整方法。

六、通用能力、职业素养、思政素养

自主学习、自我管理、信息检索、理解与表达、交往与合作、创新思维、解决问题等通用能力，安全意识、质量意识、规范意识、效率意识、成本意识、环保意识、市场意识、服务意识等职业素养，以及劳模精神、劳动精神、工匠精神等思政素养。

参考性学习任务

序号	名称	学习任务描述	参考学时
1	传动轴数控车削	某企业签订了加工一批传动轴的合同，数量为20件，精度要求较高。生产部门将传动轴加工任务交予生产车间，要求2天内完成。现车间主管安排数控车工组完成该任务。 　　操作人员从生产主管处领取工作任务单和图样，明确任务要求，分析图样及加工工艺，查阅相关技术资料及标准，根据图样和工期要求制定加工方案，准备相关的工具、量具、刃具及设备，选择一夹一顶的装夹方式，完成传动轴的端面、外圆、倒角的数控车床编程与加工。加工过程中注意传动轴的尺寸精度、圆度和表面质量要求。根据零件检验单使用通用量具完成零件质量自检，并进行加工质量分析与工艺方案优化；完成加工现场的整理、设备和工量刃具的维护保养、工作日志的填写等工作。 　　在工作过程中，操作人员应严格执行企业操作规程、常用量具的保养规范、企业质量管理制度、安全生产制度、环保管理制度、现场管理制度等。	60
2	螺栓数控车削	某企业签订了加工一批螺栓的合同，数量为40件，精度要求较高。生产部门将螺栓加工任务交予生产车间，要求2天内完成。现车间主管安排数控车工组完成该任务。 　　操作人员从生产主管处领取工作任务单和图样，明确任务要求，分析图样及加工工艺，查阅相关技术资料及标准，根据图样和工期要求制定加工方案，准备相关的工具、量具、刃具及设备，完成螺栓的端面、外圆、外普通螺纹、倒角等的数控车床编程与加工。加工过程中注意普通螺纹的尺寸精度和表面质量，保证螺纹应具有较好的互换性。根据零件检验单使用通用量具完成零件质量自检，并进行加工质量分析与工艺方案优化；完成加工现场的整理、设备和工量刃具的维护保养、工作日志的填写等工作。 　　在工作过程中，操作人员应严格执行企业操作规程、常用量具的保养规范、企业质量管理制度、安全生产制度、环保管理制度、现场管理制度等。	60

| 3 | 车床手柄数控车削 | 某企业准备维修一台普通车床设备，该设备的车床手柄由于操作人员操作不当而损坏。现车工组已将车床手柄的外形粗加工完毕，车间主管安排数控车工组完成车床手柄的精加工。

操作人员从生产主管处领取工作任务单和图样，明确任务要求，分析图样及加工工艺，查阅相关技术资料及标准，根据图样和工期要求制定加工方案，准备相关的工具、量具、刃具及设备，完成车床手柄成形面、中心孔、工艺台阶等特征的数控车床编程与加工。加工过程中注意连接处的自然过渡，保证手柄曲面光滑。根据零件检验单使用通用量具完成零件质量自检，并进行加工质量分析与工艺方案优化；完成加工现场的整理、设备和工量刃具的维护保养、工作日志的填写等工作。

在工作过程中，操作人员应严格执行企业操作规程、常用量具的保养规范、企业质量管理制度、安全生产制度、环保管理制度、现场管理制度等。 | 60 |

教学实施建议

1. 教学组织方式与建议

采用行动导向的教学方法。为确保教学安全，增强教学效果，建议采用小组合作教学的形式（4~5 人/组），班级人数不超过 30 人。在完成工作任务的过程中，教师要给予适当的指导，注重培养学生独立分析问题和解决非常规性专业问题的能力。

2. 教学资源配备建议

（1）教学场地

零件数控车床编程与加工一体化学习工作站须具备良好的安全、照明和通风条件，可分为集中教学区、分组教学区、信息检索区、工具存放区、材料存放区和成果展示区，并配备多媒体教学设备与资料等。

（2）工具、材料、设备（按组配置）

通用工具（扳手、铜锤）、数控车床专用工具（卡盘扳手、刀架台扳手）、刀具（外圆车刀、端面车刀、外螺纹车刀）、夹具、量具（游标卡尺、千分尺、检验棒）、毛坯（按备料通知单准备）、个人防护用品、切削液、润滑油、清洗剂、毛刷、数控车床、对刀仪等。

（3）教学资料

以工作页为主，配备教材、工作任务单、技术手册、机床使用说明书、工作记录表和行业、企业规范标准等。

教学考核要求

采用过程性考核和终结性考核相结合的方式。课程考核成绩 = 过程性考核成绩 ×70%+ 终结性考核成绩 ×30%。

1. 过程性考核（70%）

采用自我评价、小组评价和教师评价相结合的方式进行考核；教师要观察学生的学习过程，结合学生的自我评价、小组评价进行总评并提出改进建议。考核内容包括：

（1）课堂考核：出勤、学习态度、课堂纪律、小组合作与展示等情况。

（2）作业考核：工作页的完成、课后练习等情况。

（3）阶段考核：纸笔测试、实操测试、口述测试。

2. 终结性考核（30%）

学生根据任务中的情境描述，制定铣床手柄数控车床编程与加工方案，并按照行业、企业规范标准，在规定时间内完成铣床手柄数控车床编程与加工，达到客户要求。

考核任务案例：铣床手柄数控车床编程与加工。

【情境描述】

某企业签订了加工一批铣床手柄的合同，数量为 100 件。生产部门将铣床手柄数控车床加工任务交予生产车间，工期为 5 天。现车间主管安排数控车工组完成该任务。

【任务要求】

根据任务的情境描述，按照图样、技术要求和行业规范标准，在 5 天内完成铣床手柄数控车床加工任务。

（1）列出需要向生产主管了解的信息。

（2）按照图样和技术要求制定加工工艺并编写数控加工程序。

（3）确定铣床手柄加工所需的工具、量具、刀具。

（4）领取工具、量具、刀具和毛坯，完成铣床手柄数控车床编程与加工。

（5）规范地填写工作记录表，并及时提交生产主管，按照现场管理规定整理作业现场。

（6）对工作进行归纳、总结，并对加工工艺及工作流程提出改进建议。

（7）能遵守职业道德，具备环保意识和成本意识，养成爱护设备设施、文明生产等良好的职业素养。

【参考资料】

完成上述任务时，可以使用所有的常见教学资料，如工作页、教材、工作任务单、机床使用说明书、技术手册等。

（八）零件辅助设计与制造课程标准

工学一体化课程名称	零件辅助设计与制造	基准学时	150
典型工作任务描述			

零件辅助设计与制造是指使用 CAD/CAM 软件，依据零件图和加工要求，在软件中编制程序、仿真模拟、程序验证，并采用 RS232 接口传输程序及加工的过程。零件辅助设计与制造主要包括 CAD/CAM 软件的操作、锉刀手柄造型、锉刀手柄编程与加工等。零件精度一般为 IT10 ~ IT8，表面粗糙度为 $Ra3.2 \sim 1.6 \mu m$。

操作人员从设备管理主管处接受任务并签字确认；根据零件图样编制加工工艺，填写工艺卡；利用计算机辅助编程软件绘制零件模型，生成加工程序，进行模拟加工，检查刀具干涉和切削路径，验证程序可行性，并将合格程序传输到数控车床上进行加工。

操作人员根据工艺规程文件和加工计划，确定零件加工工序；准备材料、工具、量具、夹具、刀具及数控车床；自动编程或使用规定的程序，验证程序的正确性；按照工艺文件要求装夹工件和刀具，正确建立工件坐标系，输入相关的刀具参数和其他信息；按照数控车床操作规程和工艺规程，合理选择切削用量、切削液，按照零件图样要求和加工工艺切削工件。加工过程中要适时检测，确保质量；加工完毕要自检，规范地存放零件，送检并签字确认。

在工作过程中，操作人员应严格执行企业操作规程、常用量具的保养规范、企业质量管理制度、安全生产制度、环保管理制度、现场管理制度等。

工作内容分析

工作对象：	工具、材料、设备与资料：	工作要求：
1. 工作任务单的领取及阅读分析； 2. 技术手册及标准的查阅、图样的识读； 3. 设备、工具、量具、夹具、材料、辅具等的准备； 4. 零件辅助设计与制造的实施； 5. 已完成零件的自检、互检。	1. 工具：CAD/CAM 软件、传输软件、通用工具（旋具、钳子、铜锤）、数控车床专用工具（卡盘扳手、刀架台扳手）、刀具（外圆车刀、端面车刀、外螺纹车刀）、夹具、量具（游标卡尺、千分尺、检验棒）等； 2. 材料：毛坯（按备料通知单准备）、个人防护用品、切削液、润滑油、清洗剂、毛刷等； 3. 设备：计算机、数控车床、对刀仪； 4. 资料：工作任务单、操作规程、技术手册、工艺文件等。 **工作方法：** 1. 工作任务单的使用方法，技术手册的查阅方法，设备保养方法； 2. 绘图软件的使用方法； 3. 图形的绘制方法； 4. 生成刀具路径的方法； 5. 生成程序的方法； 6. 传输程序的方法； 7. 计算机的维护方法； 8. 工件的装夹、找正方法； 9. 数控车床操作方法； 10. 零件的质量检验方法； 11. 记录、评价、反馈、存档方法。	1. 依据工作任务单，明确工作时间、加工数量等要求，明确技术手册查阅范围，制定加工方案，选用数控车削的切削用量； 2. 按照加工方案的要求准备设备、工具、量具、刀具、夹具、材料、辅具； 3. 按照企业工作规范完成零件辅助设计与制造； 4. 工作过程中具有一定的质量和成本意识，并遵守企业的安全生产制度、环保管理制度以及现场管理规定； 5. 对已完成的零件进行自检、互检，并进行记录、评价、反馈和存档。

劳动组织方式：

1. 以独立或小组合作的方式进行；

2. 从班组长处领取工作任务单，从仓库领取工具、量具、夹具、刀具及毛坯材料等；

3. 实施零件辅助设计与制造，必要时向班组长及师傅咨询加工情况；

4. 加工完毕，自检合格后交付质检员检验。

课程目标

学习完本课程后，学生应当能够胜任零件辅助设计与制造工作，包括：

1. 能阅读工作任务单，并能与生产主管等相关人员进行有效沟通，明确加工内容、时间和要求。

2. 能依据图样，查阅相关资料，明确零件辅助设计与制造的工艺流程，制定工作方案，并根据工作方案，小组成员团结协作共同分析并制定加工工艺，正确领取所需的工具、量具、刀具及辅具。

3. 能按照零件辅助设计与制造的工作流程与规范，在规定时间内采用直线指令、圆弧指令、编辑命令、CAM 功能等完成 CAD/CAM 软件的操作、锉刀手柄造型、锉刀手柄编程与加工任务，具备规范、安全生产意识。

4. 能按产品质量检验单要求，使用通用量具、专用量具、三坐标测量机、表面粗糙度测量仪等规范地进行相应的自检，在工作任务单上正确填写加工完成的时间、加工记录以及自检结果，并进行产品质量分析及工艺方案优化，具有精益求精的质量管控意识。

5. 能在工作完成后，执行现场管理制度、废弃物管理规定及常用量具的保养规范，完成加工现场的整理、设备和工量刃具的维护保养、工作日志的填写等工作。

6. 在工作过程中，能自我约束、服从管理、尊重他人，认真听取他人想法，进行有效的沟通与合作，创造积极向上的工作氛围。

7. 能依据零件汇报展示要求对工作过程进行资料收集整合，团结协作，利用多媒体设备和专业术语展示工作成果。

学习内容

本课程的主要学习内容包括：

一、工作任务单的领取及阅读分析

实践知识：工作任务单的领取及阅读分析；CAD/CAM 软件工作界面的认知；CAD/CAM 软件的绘图准备；加工工艺的制定；数控编程与加工工作计划的制订；工作任务单的使用。

理论知识：工作任务单、图样、工艺文件；数控车床自动编程与加工零件质量要求与交付标准；零件结构工艺性分析方法；数控车削加工工序的划分原则；数控车削加工顺序的安排；加工路线的确定；坐标点的计算。

二、技术手册及标准的查阅、图样的识读

实践知识：数控车床编程相关技术手册、技术标准的查阅；零件图样的识读；零件图样的分析；数控切削用量的选择。

理论知识：零件的精度和技术要求；零件的种类、材料、尺寸精度。

三、设备、工具、刀具、量具、夹具、材料等的准备

实践知识：数控加工量具、刀具、辅具的选择；数控车削刀具的领取与安装；程序单的使用；程序的导入与编辑；绘图软件的使用；图形的绘制；刀具路径的生成。

理论知识：自动编程软件的功能；零件自动编程的步骤；计算机辅助设计的概念；计算机辅助制造的概念；程序的校验与模拟加工方法。

四、零件辅助设计与制造的实施

实践知识：数控车床参数的设置；零件数控加工过程中适时测量误差的分析；数控车床的操作；程序的传输；计算机的维护；工件的装夹、找正。

理论知识：数控车床操作规程；数控车床操作面板；数控车床系统面板；工件坐标系设置方法；刀具偏置补偿、半径补偿方法；程序调试与运行方法；数控车床参数设置方法；自动编程与加工现场管理制度。

五、已完成零件的自检、互检

实践知识：端面、外圆、台阶、内孔、圆弧的检测；设备和工量刃具的维护保养；零件的质量检验。

理论知识：表面粗糙度的测量方法；孔的测量方法；角度的测量方法；内外轮廓的测量方法；零件尺寸误差原因分析及调整方法；检测报告、质量分析总结报告的撰写方法。

六、通用能力、职业素养、思政素养

自主学习、自我管理、信息检索、理解与表达、交往与合作、创新思维、解决问题等通用能力，安全意识、质量意识、规范意识、效率意识、成本意识、环保意识、市场意识、服务意识等职业素养，以及劳模精神、劳动精神、工匠精神等思政素养。

参考性学习任务

序号	名称	学习任务描述	参考学时
1	CAD/CAM 软件的操作	为了提升企业在市场中的竞争力，某机械加工企业准备培养一批 CAD/CAM 软件编程员，培训部门要求这批员工 5 天内完成 CAD/CAM 软件的基本操作培训。 受训人员接受任务后，明确 CAD/CAM 软件操作要求，查阅机械制图手册、制图标准等资料，在 CAD/CAM 软件中设置图幅尺寸、标题栏、文字、格式、图层、线型等，使用直线、圆弧、修整、尺寸标注等功能独立绘制零件的二维图形，通过打印机打印零件的图样。在自检合格后，填写工作交接单等，交付部门主管检验。 工作过程中，受训人员应严格执行企业操作规程、企业质量管理制度、安全生产制度、环保管理制度、现场管理制度等。	50

2	锉刀手柄造型	某机械加工企业接到一个锉刀手柄的造型订单,生产部门将锉刀手柄造型任务交予数控车间,要求1天内完成。现车间主管安排数控车工组完成此造型任务。 操作人员接受任务,明确锉刀手柄造型要求,查阅机械制图手册、制图标准等资料,根据零件草图,确定图幅,设置线型、线宽、绘图颜色等要素,在规定的时间内使用直线、圆弧、修整、尺寸标注等功能独立绘制锉刀手柄的二维图形,通过打印机打印零件的图样。在自检合格后,填写工作交接单等,交付部门主管检验。 工作过程中,操作人员应严格执行企业操作规程、企业质量管理制度、安全生产制度、环保管理制度、现场管理制度等。	50
3	锉刀手柄编程与加工	某机械加工企业接到一批锉刀手柄的加工订单,数量为50件。生产部门将锉刀手柄编程与加工任务交予数控车间,要求2天内完成。现车间主管安排数控车工组完成该任务。 操作人员接受任务后,明确任务要求,查阅机械制图手册、制图标准等资料,确定锉刀手柄零件计算机制图的关键要素,在规定的时间内依次生成手柄造型文件、二维刀具轨迹,并进行后置处理,最后通过RS232接口功能传送程序到数控车床上完成锉刀手柄加工。加工完毕自检合格后,填写工作交接单等,交付部门主管检验。 工作过程中,操作人员应严格执行企业操作规程、常用量具的保养规范、企业质量管理制度、安全生产制度、环保管理制度、现场管理制度等。	50

教学实施建议

1. 教学组织方式方法建议

运用行动导向的教学方法。为确保教学安全,增强教学效果,建议采用分组教学的方式(4~6人/组);在完成工作任务的过程中,教师给予适当指导,注意培养学生独立分析与解决专业问题的能力。

2. 教学资源配置建议

(1)教学场地

零件辅助设计与制造一体化学习工作站须具备良好的安全、照明和通风条件,可分为集中教学区、分组教学区、信息检索区、工具存放区、材料存放区和成果展示区,并配备多媒体教学设备与资料等。

(2)工具、材料、设备(按组配置)

CAD/CAM绘图软件、传输软件、通用工具(旋具、钳子、铜锤)、数控车床专用工具(卡盘扳手、刀架台扳手)、刀具(外圆车刀、端面车刀、外螺纹车刀)、夹具、量具(游标卡尺、千分尺、检验棒)、毛坯(按备料通知单准备)、个人防护用品、切削液、润滑油、清洗剂、毛刷、计算机、数控车床、对刀仪等。

（3）教学资料

以工作页为主，配备教材、工作任务单、技术手册、机床使用说明书、工作记录表和行业、企业规范标准等。

教学考核要求

采用过程性考核和终结性考核相结合的方式。课程考核成绩＝过程性考核成绩×70%＋终结性考核成绩×30%。

1. 过程性考核（70%）

采用自我评价、小组评价和教师评价相结合的方式进行考核；让学生学会自我评价，教师观察学生的学习过程，结合学生的自我评价、小组评价进行总评并提出改进建议。

（1）课堂考核：出勤、学习态度、课堂纪律、小组合作与展示等情况。

（2）作业考核：工作页的完成、课后练习等情况。

（3）阶段考核：纸笔测试、实操测试、口述测试。

2. 终结性考核（30%）

学生根据任务中的情境描述，制定齿轮轴零件加工方案，并按照行业规范标准，在规定时间内完成齿轮轴零件的加工，达到客户要求。

考核任务案例：齿轮轴的加工。

【情境描述】

某企业签订了一批精度较高的齿轮轴零件的加工合同，数量为100件。生产部门将齿轮轴零件加工任务交予生产车间，工期为5天。现车间主管安排数控车工组完成该任务。

【任务要求】

根据任务的情境描述，按照图样、技术要求和行业规范标准，在5天内完成齿轮轴零件加工任务。

（1）列出需要向生产主管了解的信息。

（2）按照图样和技术要求，制定加工工艺并绘制图形，生成刀具路径，后置处理自动生成数控加工程序。

（3）确定齿轮轴零件加工所需的工具、量具、刀具。

（4）领取工具、量具、刀具和毛坯，完成齿轮轴零件的加工。

（5）规范地填写工作记录表，并及时提交生产主管，按照现场管理规定整理作业现场。

（6）对工作进行归纳、总结，并对加工工艺及工作流程提出改进建议。

（7）能遵守职业道德，具备环保意识和成本意识，养成爱护设备设施、文明生产等良好的职业素养。

【参考资料】

完成上述任务时，可以使用所有的常见教学资料，如工作页、教材、工作任务单、CAD/CAM软件使用说明、机床使用说明书和技术手册等。

（九）产品质量检测与管理课程标准

工学一体化课程名称	产品质量检测与管理	基准学时	90

典型工作任务描述

产品质量检测与管理是指使用工具、量具、量仪、检测设备等，依据产品质量检测规范与标准对产品质量进行检测，根据检测结果进行质量分析，并提出产品质量管理方案的过程。进行产品质量检测与管理时，应使用游标卡尺、千分尺、游标万能角度尺、螺纹环规、百分表、表面粗糙度测量仪等通用和专用检测工具，按照检测方法对零件的质量进行检测，并将检测结果同相应的零件质量标准进行比较、分析，从而对零件提出质量控制和改进措施。产品质量检测与管理主要包括齿轮轴质量检测与管理、变径套质量检测与管理、千斤顶质量检测与管理、丝杠质量检测与管理、曲轴质量检测与管理等。

质检员接受工作任务单并签字确认；根据工作任务单内容、待检零件图样和检验卡，查阅技术资料和标准，制定产品检测方案；准备检测工具、量具、量仪、检测设备等；依据检测规范与标准，使用检测工具、量具、量仪、检测设备等，检测零件的尺寸精度、几何精度（直线度、圆度、圆柱度、平行度、垂直度、同轴度及各种跳动）是否合格。检测过程中要规范测量，准确记录；根据检测结果，进行零件质量分析，并提出相应的质量控制方案；检测完毕规范地存放零件，提交检测结果、产品质量分析与产品质量控制报告并签字确认。

在工作过程中，操作人员应严格执行企业操作规程、常用量具的保养规范、企业质量管理制度、安全生产制度、环保管理制度、现场管理制度等。

工作内容分析

工作对象：	工具、材料、设备与资料：	工作要求：
1. 工作任务单的领取及阅读分析； 2. 技术手册及标准的查阅、产品图样的识读； 3. 工具、夹具、量具、量仪、检测设备、试件等的准备； 4. 零件质量检测与管理的实施； 5. 已完成精度检测零件的交验、验收。	1. 工具：检测专用工具（放大镜、表面粗糙度比较样块）、夹具、量具（游标卡尺、游标高度卡尺、外径千分尺、公法线千分尺、检验棒）等； 2. 材料：被检测零件（按备料通知单准备）、个人防护用品、清洗工具、毛刷等； 3. 设备：平板、偏摆仪、表面粗糙度测量仪等； 4. 资料：工作任务单、操作规程、技术手册、工艺文件等。 **工作方法：** 1. 工作任务单的使用方法，技术手册的查阅方法，检测设备、检具、夹具、工具的选择方法； 2. 检具的校验方法； 3. 零件的装夹、找正方法； 4. 检具和检测设备的操作方法； 5. 零件的质量检验方法； 6. 零件质量检验结果的记录方法；	1. 依据工作任务单，明确工作时间、检测数量等要求，明确技术手册查阅范围，制定零件质量检测与管理方案； 2. 按照零件质量检测与管理方案的要求准备工具、量具、量仪、检测设备、夹具、被测零件、辅具； 3. 按照企业工作规范完成零件的质量检测与管理； 4. 工作过程中具有一定的质量和成本意识，并遵守企业的安全生产制度、环保管理制度以及现场管理规定；

7. 零件分类管理方法； 8. 记录、评价、反馈、存档方法。 **劳动组织方式：** 1. 以独立或小组合作的方式进行； 2. 从班组长处领取工作任务单、空白检测报告，从仓库领取工具、检具、检测设备、被检测零件等； 3. 实施零件质量检测，必要时向班组长及师傅咨询检测情况； 4. 依据检测结果对零件进行分类管理。	5. 对已完成质量检测的零件进行交验，并进行记录、评价、反馈和存档。

课程目标

学习完本课程后，学生应当能够胜任零件质量检测与管理等工作，包括：

1. 能阅读工作任务单，与生产主管等相关人员进行有效沟通，明确检测项目与管理内容、时间和要求。

2. 能依据工作任务单内容，查阅相关资料，明确产品质量检测与管理工艺流程，制定工作方案，并根据工作方案，小组成员团结协作共同分析并制定检测工艺，正确领取所需的工具、量具及辅具。

3. 能按照产品质量检测与管理的工作流程与规范，在规定时间内采用工具、量具与量仪、检测设备等，完成齿轮轴、变径套、千斤顶、丝杠、曲轴质量检测与管理任务。

4. 能按企业规范进行质检，确认后提交质检部门进行验收。

5. 能通过自主学习对工作过程进行归纳、总结，并对产品质量检测与管理方案及工作流程提出改进建议；规范地填写工作记录表，并及时提交生产主管。

6. 能在工作完成后，执行现场管理制度、废弃物管理规定及常用量具的保养规范，完成加工现场的整理、设备和工量刃具的维护保养、工作日志的填写等工作。

7. 在工作过程中，能自我约束、服从管理、尊重他人，认真听取他人想法，进行有效的沟通与合作，创造积极向上的工作氛围。

8. 能依据零件汇报展示要求对工作过程进行资料收集整合，团结协作，利用多媒体设备和专业术语展示工作成果。

学习内容

本课程的主要学习内容包括：

一、工作任务单的领取及阅读分析

实践知识：工作任务单的领取及阅读分析；齿轮轴、变径套、千斤顶、丝杠、曲轴图样的识读；工作任务单的使用。

理论知识：工作任务单、图样、工艺文件；齿轮轴、变径套、千斤顶、丝杠、曲轴的种类及用途。

二、技术手册及标准的查阅、产品图样的识读

实践知识：技术手册及标准的查阅；齿轮轴、变径套、千斤顶、丝杠、曲轴检测方案的制定；齿轮轴、

变径套、千斤顶、丝杠、曲轴检测量具、工具的选择；齿轮轴、变径套、千斤顶、丝杠、曲轴的检测工艺分析。

理论知识：齿轮轴、变径套、千斤顶、丝杠、曲轴的检测项目。

三、设备、工具、量具、夹具、材料等的准备

实践知识：齿轮轴、变径套、千斤顶、丝杠、曲轴检测量具、工具的使用；检具的校验，检具和检测设备的操作。

理论知识：表面粗糙度测量仪的原理及应用；偏摆仪的结构、原理及应用；正弦规的结构、原理及应用；螺纹千分尺的结构、原理及应用。

四、零件质量检测与管理的实施

实践知识：齿轮轴、变径套、千斤顶、丝杠、曲轴的检测误差分析；检测异常数据的分析与判断；齿轮轴、变径套、千斤顶、丝杠、曲轴的质量检测；零件质量检验结果的记录。

理论知识：齿轮轴、变径套、千斤顶、丝杠、曲轴检测流程。

五、已完成精度检测零件的交验、验收

实践知识：质量检测报告单的填写；评价表的使用；质量检测资料归档；零件分类管理。

理论知识：检测工艺方案优化思路；检测报告、质量分析总结报告的撰写方法。

六、通用能力、职业素养、思政素养

自主学习、自我管理、信息检索、理解与表达、交往与合作、创新思维、解决问题等通用能力，安全意识、质量意识、规范意识、效率意识、成本意识、环保意识、市场意识、服务意识等职业素养，以及劳模精神、劳动精神、工匠精神等思政素养。

参考性学习任务

序号	名称	学习任务描述	参考学时
1	齿轮轴质量检测与管理	某车间生产了一批齿轮轴，数量为 100 件，车间质检主管将齿轮轴的质量检测任务交予质检组，工期为 3 天。经过分析，需检测齿轮轴的外径、长度、键槽尺寸、同轴度、对称度。质检员计划用外径千分尺、游标深度卡尺、数显卡尺、百分表、平板、表面粗糙度测量仪等量具、量仪进行检测。 质检员从质检主管处领取工作任务单和齿轮轴图样，明确检测任务要求；分析、识读齿轮轴图样及检测工艺，查阅相关技术手册及标准，根据任务工期和齿轮轴检测项目的要求制定检测方案；按照制定的检测方案，准备相关的检测工具、量具、量仪；依据检测方案，以独立或小组合作的方式，使用外径千分尺、游标深度卡尺、数显卡尺、百分表、平板、表面粗糙度测量仪等量具、量仪完成齿轮轴的质量检测。检测过程中，为了保证齿轮轴检测质量，应当确保量具、量仪的精度和被测零件的清洁度。检测过程中要规范测	18

1	齿轮轴质量检测与管理	量,准确记录。该批零件主要检测同轴度和键槽的位置精度。根据检测结果,进行齿轮轴加工质量分析,并提出质量控制方案。 在工作过程中,严格执行量具、量仪的操作规范,产品检验标准,现场管理规定,检测工具及设备保养制度等,并填写保养记录。	
2	变径套质量检测与管理	质检部接到外协厂家一批变径套质量检测任务,数量为 60 件。质检部将变径套的质量检测任务交予质检组,工期为 2 天。经过分析,需检测变径套的锥度、斜度、圆跳动。质检员计划用外径千分尺、游标万能角度尺、锥度量规、正弦规、百分表、锥度心轴、偏摆仪等量具、量仪进行检测。 质检员从质检主管处领取工作任务单和变径套图样,明确检测任务要求;分析、识读变径套图样及检测工艺,查阅相关技术资料及标准,根据任务工期和变径套检测项目的要求制定检测方案;按照制定的检测方案,准备相关的检测工具、量具、量仪;依据检测方案,以独立或小组合作的方式,使用外径千分尺、游标万能角度尺、锥度量规、正弦规、百分表、锥度心轴、偏摆仪等量具、量仪完成变径套的质量检测。检测过程中,为了保证变径套检测质量,应当确保量具、量仪的精度和被测零件的清洁度。检测过程中要规范测量,准确记录。该批零件主要检测锥度和内外圆锥间的圆跳动。根据检测结果,进行变径套加工质量分析,并提出质量控制方案。 在工作过程中,严格执行量具、量仪的操作规范,产品检验标准,现场管理规定,检测工具及设备保养制度等,并填写保养记录。	18
3	千斤顶质量检测与管理	某车间生产了一批千斤顶,数量为 60 件。车间质检主管将千斤顶质量检测任务交予质检组,工期为 3 天。经过分析,需检测千斤顶的内外普通螺纹、普通螺纹配合。质检员计划用数显卡尺、螺纹环规、螺纹塞规、螺纹千分尺等量具进行检测。 质检员从质检主管处领取工作任务单和千斤顶图样,明确检测任务要求;分析、识读千斤顶图样及检测工艺,查阅相关技术手册及标准,根据任务工期和千斤顶检测项目的要求制定检测方案;按照制定的检测方案,准备相关的量具;依据检测方案,以独立或小组合作的方式,使用数显卡尺、螺纹环规、螺纹塞规、螺纹千分尺等量具完成千斤顶的质量检测。检测过程中,为了保证千斤顶检测质量,应当确保量具的精度和被测零件的清洁度。检测过程中要规范	18

3	千斤顶质量检测与管理	测量，准确记录。该批零件主要检测普通螺纹精度和普通螺纹配合精度。根据检测结果，进行千斤顶质量分析，并提出质量控制方案。 在工作过程中，严格执行量具的操作规范、产品检验标准、现场管理规定、设备保养制度等，并填写保养记录。	
4	丝杠质量检测与管理	机加工车间生产了一批丝杠，数量为40件。车间质检主管将丝杠质量检测任务交予质检组，工期为2天。经过分析，需检测丝杠梯形螺纹的中径精度、螺距误差和几何精度。质检员计划用外径千分尺、公法线千分尺、量针、螺距规、百分表等量具进行检测。 质检员从质检主管处领取工作任务单和丝杠图样，明确检测任务要求；分析、识读丝杠图样及检测工艺，查阅相关技术手册及标准，根据任务工期和丝杠检测项目的要求制定检测方案；按照制定的检测方案，准备相关的量具；依据检测方案，以独立或小组合作的方式，使用外径千分尺、公法线千分尺、量针、螺距规、百分表等量具完成丝杠的质量检测。检测过程中，为了保证丝杠检测质量，应当确保量具的精度和被测零件的清洁度。检测过程中要规范测量，准确记录。该批零件主要检测梯形螺纹中径精度和梯形螺纹的螺距误差。根据检测结果，进行丝杠加工质量分析，并提出质量控制方案。 在工作过程中，严格执行量具的操作规范、产品检验标准、现场管理规定、设备保养制度等，并填写保养记录。	18
5	曲轴质量检测与管理	质检部接到外协厂家一批曲轴质量检测任务，数量为40件。质检部将曲轴质量检测任务交予质检组，工期为4天。经过分析，需检测曲轴的曲柄颈偏心距、轴颈间的平行度、曲柄颈间的夹角及其他尺寸精度。质检员计划用外径千分尺、游标高度卡尺、百分表、分度头、偏摆仪等量具、量仪进行检测。 质检员从质检主管处领取工作任务单和曲轴图样，明确检测任务要求；分析、识读曲轴图样及检测工艺，查阅相关技术资料及标准，根据任务工期和曲轴检测项目的要求制定检测方案；按照制定的检测方案，准备相关的量具、量仪；依据检测方案，以独立或小组合作的方式，使用外径千分尺、游标高度卡尺、百分表、分度头、偏摆仪等量具、量仪完成曲轴的质量检测。检测过程中，为了保证曲轴检测质量，应当确保量具、量仪的精度和被测零件的清洁度。检测过程中要规范测量，准确记录。该批零件主要检测曲柄颈	18

| 5 | 曲轴质量检测与管理 | 偏心距、轴颈间的平行度、曲柄颈间的夹角。根据检测结果，进行曲轴加工质量分析，并提出质量控制方案。
在工作过程中，严格执行量具、量仪操作规范，产品检验标准，现场管理规定，设备保养制度等，并填写保养记录。 | |

教学实施建议

1. 教学组织方式与建议

运用行动导向的教学方法。为确保教学安全，增强教学效果，建议采用分组教学的方式（3~4人/组）；在完成工作任务的过程中，教师给予适当指导，注意培养学生独立分析与解决专业问题的能力。

2. 教学资源配备建议

（1）教学场地

产品质量检测与管理一体化学习工作站须具备良好的安全、照明和通风条件，可分为集中教学区、分组教学区、信息检索区、工具存放区、材料存放区和成果展示区，并配备多媒体教学设备与资料等。

（2）工具、材料、设备（按组配置）

检测专用工具（放大镜、表面粗糙度比较样块）、夹具、量具（游标卡尺、游标高度卡尺、外径千分尺、公法线千分尺、检验棒）、被检测零件（按备料通知单准备）、个人防护用品、清洗剂、毛刷、平板、偏摆仪、表面粗糙度测量仪等。

（3）教学资料

以工作页为主，配备教材、工作任务单、技术手册、设备使用说明书、工作记录表和行业、企业规范标准等。

教学考核要求

采用过程性考核和终结性考核相结合的方式。课程考核成绩 = 过程性考核成绩 ×70%+ 终结性考核成绩 ×30%。

1. 过程性考核（70%）

采用自我评价、小组评价和教师评价相结合的方式进行考核；让学生学会自我评价，教师要观察学生的学习过程，并做好记录，结合学生的自我评价、小组评价进行总评并提出改进建议。

（1）课堂考核：出勤、学习态度、课堂纪律、小组合作与展示等情况。

（2）作业考核：工作页的完成、课后练习等情况。

（3）阶段考核：纸笔测试、实操测试、口述测试。

2. 终结性考核（30%）

学生根据任务中的情境描述，制定产品质量检测与管理方案，并按照行业、企业规范标准，在规定时间内完成锥齿轮的质量检测与管理，达到技术要求。

考核任务案例：锥齿轮的质量检测与管理。

【情境描述】

车间生产了一批锥齿轮，现需要质检部完成锥齿轮的质量检测与管理，数量为 30 件，完成时间为 3

天。图样和锥齿轮工件已交付质检部，质检部现安排检验组完成锥齿轮质量检测与管理任务。经过分析，需检测锥齿轮的外径、孔径、长度、锥度、圆跳动。质检员计划用游标卡尺、外径千分尺、游标万能角度尺、百分表、心轴、偏摆仪等进行检测。

质检员从质检主管处领取工作任务单和技术文件，制定检测方案，确定检测工步；准备待检零件、工具、量具、夹具等；按照现场要求进行检测。

【任务要求】

根据任务的情境描述，按照图样、技术要求和行业规范标准，在3天内完成锥齿轮的质量检测与管理。

（1）列出需要向检验主管了解的信息。

（2）按照图样和技术要求制定零件精度检测方案。

（3）按零件精度检测方案，确定锥齿轮精度检测所需的工具和量具。

（4）完成锥齿轮精度的检测，并记录检测数据。

（5）依据检测结果对锥齿轮零件进行加工质量分析与控制。

（6）列出锥齿轮零件检测时的注意事项，并说明理由。

（7）规范填写工作记录表，并及时提交质检主管，按照现场管理规定整理作业现场。

（8）对工作进行归纳、总结，并对质量检测与管理方案及工作流程提出改进建议。

（9）能遵守职业道德，具备环保意识和成本意识，养成爱护设备设施、文明生产等良好的职业素养。

【参考资料】

完成上述任务时，可以使用所有的常见教学资料，如工作页、工作任务单、教材、技术手册和产品说明书等。

（十）特殊零件普通车床加工与工艺编制课程标准

工学一体化课程名称	特殊零件普通车床加工与工艺编制	基准学时	480
典型工作任务描述			

特殊零件普通车床加工与工艺编制是指按照安全文明生产规程、车床操作规程及设备保养知识，使用普通车床、夹具、刀具、量具、工具等，依据零件图样和加工要求在普通车床上将毛坯加工成形状比较复杂、材料比较特殊的零件的过程。这类零件加工与工艺编制主要包括多线蜗杆轴车削、曲轴车削、液压缸体车削、壳体车削和不锈钢螺栓车削等。零件精度一般为IT10～IT8，表面粗糙度为 $Ra3.2～1.6\ \mu m$。

操作人员从生产主管处接受任务并签字确认；明确加工尺寸精度要求，根据工艺规程文件，制订加工计划；准备材料、工具、量具、夹具及普通车床；按照普通车床操作规程，装夹刀具和工件，合理选择切削用量、切削液，按零件图样和加工工艺要求切削工件。加工过程中要适时检测，确保质量；对产品进行自检后交付质检人员，使用通用量具、专用量具、三坐标测量机、表面粗糙度测量仪等进行零件质量校验，进行加工质量分析与工艺方案优化；加工完毕规范地存放零件，送检并签字确认。

在工作过程中，操作人员应遵守职业道德，具备环保意识和成本意识，养成爱护设备设施、文明生产等良好的职业素养；规范地填写工作记录表，并及时提交生产主管；严格执行企业操作规程、常用量具的保养规范、企业质量管理制度、安全生产制度、环保管理制度、现场管理制度等。

工作内容分析

工作对象：	工具、材料、设备与资料：	工作要求：
1. 工作任务单的领取及阅读分析； 2. 技术手册及标准的查阅、图样的识读； 3. 设备、工具、量具、刀具、夹具、材料、辅具等的准备； 4. 特殊零件普通车床加工与工艺编制的实施； 5. 已完成零件的自检、互检。	1. 工具：通用工具（锉刀、扳手、铜锤）、车床专用工具（卡盘扳手、刀架台扳手）、刀具（外圆车刀、内孔车刀、端面车刀、内外螺纹车刀、切槽刀等）、夹具、量具（游标卡尺、千分尺、检验棒）等； 2. 材料：毛坯（按备料通知单准备）、个人防护用品、切削液、润滑油、清洗剂、毛刷等； 3. 设备：普通车床、砂轮机； 4. 资料：工作任务单、操作规程、技术手册、工艺文件等。 **工作方法：** 1. 工作任务单的使用方法，技术手册的查阅方法，设备的保养办法； 2. 刀具刃磨方法； 3. 多线螺纹的分线方法； 4. 零件深孔的车削方法； 5. 难加工材料的车削方法； 6. 工件的装夹、找正方法； 7. 特殊零件的加工工艺编制方法； 8. 特殊零件的精度控制方法； 9. 特殊零件的质量检验方法； 10. 普通车床操作方法； 11. 记录、评价、反馈、存档方法。 **劳动组织方式：** 1. 以独立或小组合作的方式进行； 2. 从班组长处领取工作任务单，从仓库领取工具、量具、夹具、刀具及毛坯材料等； 3. 实施特殊零件普通车床加工与工艺编制，必要时向班组长及师傅咨询加工情况； 4. 加工完毕，自检合格后交付质检员检验。	1. 依据工作任务单，明确工作时间、加工数量等要求，明确技术手册查阅范围，制订加工计划； 2. 按照加工计划的要求准备设备、工具、量具、刀具、材料、辅具； 3. 按照企业工作规范完成特殊零件普通车床加工与工艺编制； 4. 工作过程中具有一定的质量和成本意识，并遵守企业的安全生产制度、环保管理制度以及现场管理规定； 5. 对已完成的零件进行自检、互检，并进行记录、评价、反馈和存档。

课程目标

学习完本课程后，学生应当能够胜任特殊零件普通车床加工与工艺编制工作，包括：

1. 能阅读工作任务单，并能与生产主管等相关人员进行有效沟通，明确加工内容、时间和要求。

2. 能依据图样，查阅相关资料，明确特殊零件普通车床加工与工艺编制的工艺流程，小组成员团结协作共同分析并制定加工工艺、制定工作方案，根据工作方案领取所需的工具、量具、刀具及辅具。

3. 能按照特殊零件普通车床加工与工艺编制的工作流程与规范，在规定时间内完成多线蜗杆轴车削、曲轴车削、液压缸体车削、壳体车削、不锈钢螺栓车削任务，具备规范、安全生产意识。

4. 能按产品质量检验单要求，使用通用量具、专用量具、三坐标测量机、表面粗糙度测量仪等规范地进行相应的自检，在工作任务单上正确填写加工完成的时间、加工记录以及自检结果，并进行产品质量分析及工艺方案优化，具有精益求精的质量管控意识。

5. 能在工作完成后，执行现场管理制度、废弃物管理规定及常用量具的保养规范，完成加工现场的整理、设备和工量刃具的维护保养、工作日志的填写等工作。

6. 在工作过程中，能自我约束、服从管理、尊重他人，认真听取他人想法，进行有效的沟通与合作，创造积极向上的工作氛围。

7. 能依据零件汇报展示要求对工作过程进行资料收集整合，团结协作，利用多媒体设备和专业术语展示工作成果。

学习内容

本课程的主要学习内容包括：

一、工作任务单的领取及阅读分析

实践知识：工作任务单的领取及阅读分析；相关资料的查阅与信息的整理；工作任务单的使用。

理论知识：特殊零件普通车床加工工艺流程知识。

二、技术手册及标准的查阅、图样的识读

实践知识：特殊零件车削技术手册的查阅；特殊零件图样的分析。

理论知识：深孔、多线螺纹的公差等级查阅的知识；曲轴、缸体等特殊零件公差带的查阅及尺寸链的计算知识。

三、设备、工具、量具、夹具、材料、辅具等的准备

实践知识：特殊零件加工用工、夹、量具的使用与保养；特殊零件加工用刀具的选择、刃磨、安装；特殊零件的校正与装夹。

理论知识：特殊零件加工用刀具角度几何参数；特殊零件加工用工、夹、量具的使用方法。

四、特殊零件普通车床加工与工艺编制的实施

实践知识：现场整理；曲轴车削；壳体车削；多线螺纹分线；零件深孔的车削；难加工材料的车削；普通车床操作。

理论知识：多线螺纹的分线知识；零件深孔的车削知识；难加工材料的车削知识；工件的装夹、找正知识；特殊零件的加工工艺编制知识；特殊零件加工工艺编制；特殊零件精度控制。

五、已完成零件的自检、互检

实践知识：多线螺纹分线精度的检测；曲轴零件精度的检测；深孔零件精度的检测；壳体零件精度的检测；特殊零件的质量检验。

理论知识：特殊零件精度检测方法；特殊零件加工质量、生产效率、生产成本的分析；生产现场影响要素的分析；检测报告、质量分析总结报告的撰写方法。

六、通用能力、职业素养、思政素养

自主学习、自我管理、信息检索、理解与表达、交往与合作、创新思维、解决问题等通用能力，安全意识、质量意识、规范意识、效率意识、成本意识、环保意识、市场意识、服务意识等职业素养，以及劳模精神、劳动精神、工匠精神等思政素养。

		参考性学习任务	
序号	名称	学习任务描述	参考学时
1	多线蜗杆轴车削	某企业签订了加工一批多线蜗杆轴的合同，数量为100件。生产部门将多线蜗杆轴加工任务交予生产车间，要求1.5天内完成。现车间主管安排车工组完成该任务。 　　操作人员从生产主管处领取工作任务单和工艺文件，制订加工计划，准备材料、工具、量具、夹具、刀具及普通车床，按照现场要求进行生产。多线蜗杆属于模数螺纹零件，在车床上主要加工模数螺纹、沟槽等特征，多线蜗杆部位的分线精度和加工精度要求较高。加工过程中采用轴向分线和圆周分线方法。根据零件检验单使用通用量具完成零件质量自检，并进行加工质量分析与工艺方案优化；完成加工现场的整理、设备和工量刃具的维护保养、工作日志的填写等工作。 　　在工作过程中，操作人员应严格执行企业操作规程、常用量具的保养规范、企业质量管理制度、安全生产制度、环保管理制度、现场管理制度等。	100
2	曲轴车削	某发动机厂签订了加工一批曲轴的合同，数量为30件。生产部门将曲轴加工任务交予生产车间，要求10天内完成。现车间主管安排车工组完成该任务。 　　操作人员从生产主管处领取工作任务单和工艺文件，制订加工计划，准备材料、工具、量具、夹具、刀具及普通车床，按照现场要求进行生产。曲轴属于异形零件，在车床上主要加工曲轴轴颈等特征，曲轴轴颈的角度精度要求较高。加工过程中采用曲轴工装夹具进行加工。根据零件检验单使用通用量具完成零件质量自检，并进行加工质量分析与工艺方案优化；完成加工现场的整理、设备和工量刃具的维护保养、工作日志的填写等工作。 　　在工作过程中，操作人员应严格执行企业操作规程、常用量具的保养规范、企业质量管理制度、安全生产制度、环保管理制度、现场管理制度等。	100

3	液压缸体车削	某企业签订了加工一批液压缸体的合同，数量为50件。生产部门将液压缸体加工任务交予生产车间，要求20天内完成。现车间主管安排车工组完成该任务。 操作人员从生产主管处领取工作任务单和工艺文件，制订加工计划，准备材料、工具、量具、夹具、刀具及普通车床，按照现场要求进行生产。液压缸体属于深孔类零件，在车床上主要加工深孔等特征，液压缸体的内孔尺寸、圆度、直线度要求较高。加工过程中采用深孔钻、导向套、浮动镗刀进行加工。根据零件检验单使用通用量具完成零件质量自检，并进行加工质量分析与工艺方案优化；完成加工现场的整理、设备和工量刃具的维护保养、工作日志的填写等工作。 在工作过程中，操作人员应严格执行企业操作规程、常用量具的保养规范、企业质量管理制度、安全生产制度、环保管理制度、现场管理制度等。	100
4	壳体车削	某企业签订了加工一批壳体的合同，数量为50件。生产部门将壳体加工任务交予生产车间，要求5天内完成。现车间主管安排车工组完成该任务。 操作人员从生产主管处领取工作任务单和工艺文件，制订加工计划，准备材料、工具、量具、夹具、刀具及普通车床，按照现场要求进行生产。壳体属于异形类零件，在车床上主要加工内孔、端面等特征，壳体的内孔尺寸、平行度、垂直度要求较高。加工过程中采用花盘、角铁等夹具进行加工。根据零件检验单使用通用量具完成零件质量自检，并进行加工质量分析与工艺方案优化；完成加工现场的整理、设备和工量刃具的维护保养、工作日志的填写等工作。 在工作过程中，操作人员应严格执行企业操作规程、常用量具的保养规范、企业质量管理制度、安全生产制度、环保管理制度、现场管理制度等。	120
5	不锈钢螺栓车削	某企业签订了加工一批不锈钢螺栓的合同，数量为1 000件。生产部门将不锈钢螺栓加工任务交予生产车间，要求1.5天内完成。现车间主管安排车工组完成该任务。 操作人员从生产主管处领取工作任务单和工艺文件，制订加工计划，准备材料、工具、量具、夹具、刀具及普通车床，按照现场要求进行生产。不锈钢螺栓属于特殊材料类零件，在车床上主要加工	60

		外圆、外螺纹等特征，不锈钢螺栓的材料加工难度较高。加工过程采用不同的刀具材料、合理的刀具角度、合理的切削用量进行加工。根据零件检验单使用通用量具完成零件质量自检，并进行加工质量分析与工艺方案优化；完成加工现场的整理、设备和工量刃具的维护保养、工作日志的填写等工作。 在工作过程中，操作人员应严格执行企业操作规程、常用量具的保养规范、企业质量管理制度、安全生产制度、环保管理制度、现场管理制度等。	
5	不锈钢螺栓车削		

教学实施建议

1. 教学组织方式方法建议

运用行动导向的教学方法。为确保教学安全，增强教学效果，建议采用分组教学的方式（3~4人/组）；在完成工作任务的过程中，教师给予适当指导，注意培养学生沟通协调，自主学习，独立分析与解决复杂性、关键性和创新性问题，组织管理和持续改进的能力。

2. 教学资源配置建议

（1）教学场地

特殊零件普通车床加工与工艺编制一体化学习工作站须具备良好的安全、照明和通风条件，可分为集中教学区、分组教学区、信息检索区、工具存放区、材料存放区和成果展示区，并配备多媒体教学设备与资料等。

（2）工具、材料、设备（按组配置）

通用工具（锉刀、扳手、铜锤）、车床专用工具（卡盘扳手、刀架台扳手）、刀具（外圆车刀、内孔车刀、端面车刀、内外螺纹车刀、切槽刀）、夹具、量具（游标卡尺、千分尺、检验棒）、毛坯（按备料通知单准备）、个人防护用品、切削液、润滑油、清洗剂、毛刷、普通车床、砂轮机等。

（3）教学资料

以工作页为主，配备教材、工作任务单、技术手册、机床使用说明书、工作记录表和行业、企业规范标准等。

教学考核要求

采用过程性考核和终结性考核相结合的方式。课程考核成绩＝过程性考核成绩×70%+终结性考核成绩×30%。

1. 过程性考核（70%）

采用自我评价、小组评价和教师评价相结合的方式进行考核；让学生学会自我评价，教师要观察学生的学习过程，结合学生的自我评价、小组评价进行总评并提出改进建议。

（1）课堂考核：出勤、学习态度、课堂纪律、小组合作与展示等情况。

（2）作业考核：工作页的完成、课后练习等情况。

（3）阶段考核：纸笔测试、实操测试、口述测试。

2. 终结性考核（30%）

学生根据任务中的情境描述，制定三线蜗杆轴加工方案，并按照行业规范标准，在规定时间内完成三线蜗杆轴的加工，达到客户要求。

考核任务案例：三线蜗杆轴的车削。

【情境描述】

某企业签订了加工一批三线蜗杆轴的合同，数量为 100 件。生产部门将三线蜗杆轴加工任务交予生产车间，工期为 1.5 天。现车间主管安排车工组完成该任务。

【任务要求】

根据任务的情境描述，按照图样、技术要求和行业规范标准，在 1.5 天内完成三线蜗杆轴零件加工任务。

（1）列出需要向生产主管了解的信息。

（2）按照图样和技术要求制定加工工艺，并编写加工工艺卡。

（3）确定三线蜗杆轴零件的加工所需的工具、量具、刀具。

（4）领取工具、量具、刀具和毛坯，完成三线蜗杆轴零件的加工。

（5）规范地填写工作记录表，并及时提交生产主管，按照现场管理规定整理作业现场。

（6）对工作进行归纳、总结，并对加工工艺及工作流程提出改进建议。

（7）能遵守职业道德，具备环保意识和成本意识，养成爱护设备设施、文明生产等良好的职业素养。

【参考资料】

完成上述任务时，可以使用所有的常见教学资料，如工作页、教材、工作任务单、操作规程、技术手册、机床使用说明书等。

（十一）车床夹具设计与制作课程标准

工学一体化课程名称	车床夹具设计与制作	基准学时	90
典型工作任务描述			

车床夹具设计与制作是指使用各种工具、量具、刀具、设备等，依据夹具设计与制作标准对车床夹具中的组件或部件进行设计与制作的过程。车床夹具分为心轴式、卡盘式、花盘式夹具等。车床夹具设计与制作主要包括薄壁衬套车床夹具设计与制作、齿轮泵壳体车床夹具设计与制作等。

操作人员从生产主管处接受任务，明确内容、时间和要求并签字确认；依据夹具设计与制作的内容，查阅技术资料，在全面分析的基础上，制定零件夹具的设计与制作方案，并绘制车床夹具的零件图与装配图；利用工具、量具、刀具、夹具及机床设备、附件等，实施车床夹具组件或部件的加工与装配；车床夹具装配完成后进行零件的试切削，检测零件精度，进行试件加工精度分析和方案优化，确保夹具的精度及稳定性要求，记录有关数据，交检、验收并签字确认。

在工作过程中，操作人员应具有一定的质量意识和成本意识，执行企业的安全生产制度、环保管理制度以及现场管理规定，清理工作现场，规范存放各类器材及产品，保养设备，并填写保养记录；填写交接班记录并提交。

工作内容分析

工作对象：	工具、材料、设备与资料：	工作要求：

工作对象：

1. 工作任务单的领取及阅读分析；

2. 技术手册及标准的查阅、图样的识读；

3. 设备、工具、量具、夹具、材料、辅具等的准备；

4. 车床夹具设计与制作的实施；

5. 已完成车床夹具的自检、交验。

工具、材料、设备与资料：

1. 工具：通用工具（锉刀、钳子、铜锤）、机床专用工具（卡盘扳手、刀架台扳手、分度头）、刀具、夹具、量具（游标卡尺、千分尺、检验棒）等；

2. 材料：毛坯（按备料通知单准备）、个人防护用品、切削液、润滑油、清洗剂、毛刷等；

3. 设备：普通车床、普通铣床、钻床、砂轮机、多媒体教学设备等；

4. 资料：工作任务单、操作规程、技术手册、工艺文件、技术资源库等。

工作方法：

1. 工作任务单的使用方法，技术手册的查阅方法，设备保养方法，刀具、夹具、量仪、量具的选择方法；

2. 夹具零件图与装配图的绘制方法；

3. 制定夹具零件加工与装配方案的方法；

4. 零件的车削、铣削、钻削方法；

5. 刀具刃磨方法；

6. 零件的质量检验方法；

7. 车床夹具的装配方法；

8. 车床夹具的检验方法；

9. 交接、记录、资料存档的方法。

劳动组织方式：

1. 以独立或小组合作的方式进行；

2. 从班组长处领取工作任务单，从仓库领取工具、量具、夹具、刀具、毛坯材料等；

3. 实施车床夹具设计与制作，必要时向班组长及师傅咨询加工情况；

4. 制作完毕，自检合格后交付业务部门验收。

工作要求：

1. 依据工作任务单，明确工作时间、加工数量等要求，明确技术手册查阅范围，制定车床夹具设计与制作方案；

2. 按照加工方案的要求准备设备、工具、量具、刀具、夹具、材料、辅具；

3. 按照企业工作规范完成车床夹具设计与制作；

4. 工作过程中具有一定的质量和成本意识，并遵守企业的安全生产制度、环保管理制度以及现场管理规定；

5. 对已完成的车床夹具进行自检、交验，并进行记录、评价、反馈和存档。

课程目标

学习完本课程后，学生能够胜任车床夹具设计与制作工作，包括：

1. 能阅读工作任务单，与生产主管等相关人员进行有效沟通，明确夹具设计与制作内容、时间和要求。

2. 能依据工作任务单内容，查阅相关资料，明确车床夹具设计与制作工艺流程，制定工作方案，并根据工作方案，正确领取所需工具、量具、刃具及辅具。

3. 能按照车床夹具设计与制作的工作流程与规范，在规定时间内采用工具、量具与量仪、材料、夹具、机床设备等，完成薄壁衬套车床夹具设计与制作、齿轮泵壳体车床夹具设计与制作任务，具备规范、安全生产意识。

4. 能按产品质量检验单要求，使用通用量具、专用量具、三坐标测量机、表面粗糙度测量仪等规范地进行相应的自检，在工作任务单上正确填写加工完成的时间、加工记录以及自检结果，并进行产品质量分析及方案优化，具有精益求精的质量管控意识。

5. 能在工作完成后，执行现场管理制度、废弃物管理规定及常用量具的保养规范，完成加工现场的整理、设备和工量刃具的维护保养、工作日志的填写等工作。

6. 在工作过程中，能自我约束、服从管理、尊重他人，认真听取他人想法，进行有效的沟通与合作，创造积极向上的工作氛围。

7. 能依据零件汇报展示要求对工作过程进行资料收集整合，团结协作，利用多媒体设备和专业术语展示工作成果。

学习内容

本课程的主要学习内容包括：

一、工作任务单的领取及阅读分析

实践知识：工作任务单的领取及阅读分析；夹具零件图分析；夹具零件的加工工艺分析；车床夹具设计与制作工作计划的制订。

理论知识：工作任务单、图样、工艺文件；夹具零件的类型、种类及应用；薄壁衬套车床夹具、齿轮泵壳体车床夹具、专用车床夹具的用途；夹具设计与制作要求与交付标准。

二、技术手册及标准的查阅、图样的识读

实践知识：车床夹具设计与制作技术手册、标准的查阅；车床夹具设计与制作相关工艺文件的查阅。

理论知识：基准的概念与分类；六点定位原则；基本定位体及其定位约束；工件的定位原则；常用定位元件；定位误差及其产生的原因，定位误差的组成。

三、设备、工具、量具、夹具、材料等的准备

实践知识：工具、夹具、量具的使用与保养；工件的安装；车床的操作；刀具的刃磨；刀具、夹具、量仪、量具的选择。

理论知识：通用工具、夹具、量具的使用知识；专用工具、夹具、量具的使用知识；三坐标测量机的使用知识；表面粗糙度测量仪的使用与维护保养知识。

四、车床夹具设计与制作的实施

实践知识：夹具的制作；专用刀具的刃磨；夹具零件图与装配图的绘制；制定夹具零件加工与装配方案；零件的车削、铣削、钻削。

理论知识：夹具零件的加工方法；夹具的组装和调试工艺。

五、已完成零件的自检、互检

实践知识：零件的质量检验；车床夹具的装配；车床夹具的检验。

理论知识：零件精度检验和测量方法；车床夹具质量、生产效率、生产成本的分析；检验方法的选择；检测报告、质量分析总结报告的撰写方法；生产现场影响要素的分析方法。

续表

六、通用能力、职业素养、思政素养

自主学习、自我管理、信息检索、理解与表达、交往与合作、创新思维、解决问题等通用能力，安全意识、质量意识、规范意识、效率意识、成本意识、环保意识、市场意识、服务意识等职业素养，以及劳模精神、劳动精神、工匠精神等思政素养。

参考性学习任务

序号	名称	学习任务描述	参考学时
1	薄壁衬套车床夹具设计与制作	某企业委托生产车间加工一批薄壁衬套，数量为 200 件，要求 5 天内完成。由于薄壁衬套车削时夹持较难，车间主管安排车工组制作车削薄壁衬套所需的顶尖式心轴夹具。 　　操作人员从生产主管处领取工作任务单，明确加工内容、时间等要求；查阅薄壁衬套零件的技术文件及相关资料，获取相关信息；制定顶尖式心轴夹具的设计与制作方案，绘制顶尖式心轴的零件图与装配图；准备相关材料、工具、夹具、刃具、量具及机床设备；依据企业操作规程，实施顶尖式心轴零件的加工与组装；通过薄壁衬套的试车削检验顶尖式心轴夹具精度，分析顶尖式心轴精度的误差及提出改进措施。 　　在工作过程中，操作人员应具有一定的质量和成本意识，并遵守企业的安全生产制度、环保管理制度以及现场管理规定，清理工作现场，规范存放各类器材及产品，保养设备，填写保养记录，填写交接班记录并提交给班组长。	40
2	齿轮泵壳体车床夹具设计与制作	某企业委托生产车间加工一批齿轮泵壳体，数量为 100 件，要求 5 天内完成。齿轮泵壳体的孔距、两孔轴线的平行度要求高，且其为异形零件。现车间主管安排车工组制作车削齿轮泵壳体所需的夹具。 　　操作人员从班组长处领取工作任务单，明确加工内容、时间等要求；查阅齿轮泵壳体零件的技术文件及相关资料，获取相关信息，使用一面一孔定位方式，确定采用花盘式车床夹具；制定齿轮泵壳体车床夹具设计与制作方案，绘制齿轮泵壳体车床夹具的零件图与装配图；准备相关材料、工具、夹具、刃具、量具及机床设备；依据企业操作规程，实施齿轮泵壳体车床夹具零件的加工与组装；检验齿轮泵壳体车床夹具的精度，分析齿轮泵壳体车床夹具的误差及提出改进措施。 　　在工作过程中，操作人员应具有一定的质量和成本意识，并遵守企业的安全生产制度、环保管理制度以及现场管理规定，清理工作现场，规范存放各类器材及产品，保养设备，填写保养记录，填写交接班记录并提交给班组长。	50

教学实施建议

1. 教学组织方式方法建议

运用行动导向的教学方法。为确保教学安全，增强教学效果，建议采用分组教学的方式（3~4人/组）；在完成工作任务的过程中，教师给予适当指导，注意培养学生独立分析与解决专业问题的能力。

2. 教学资源配置建议

（1）教学场地

车床夹具设计与制作一体化学习工作站须具备良好的安全、照明和通风条件，可分为集中教学区、分组教学区、信息检索区、工具存放区、材料存放区和成果展示区，并配备多媒体教学设备与资料等。

（2）工具、材料、设备（按组配置）

通用工具（锉刀、钳子、铜锤）、机床专用工具（卡盘扳手、刀架台扳手、分度头）、刀具、夹具、量具（游标卡尺、千分尺、检验棒）、毛坯（按备料通知单准备）、个人防护用品、切削液、润滑油、清洗剂、毛刷、普通车床、普通铣床、钻床、砂轮机、多媒体教学设备等。

（3）教学资料

以工作页为主，配备教材、工作任务单、产品零件的技术文件、技术手册、机床使用说明书、工作记录表和行业、企业规范标准等。

教学考核要求

采用过程性考核和终结性考核相结合的方式。课程考核成绩=过程性考核成绩×70%+终结性考核成绩×30%。

1. 过程性考核（70%）

采用自我评价、互评和教师评价相结合的方式进行考核；让学生学会自我评价，教师要观察学生的学习过程，结合学生的自我评价、互评进行总结并提出改进建议。

（1）课堂考核：出勤、学习态度、课堂纪律、小组合作与展示等情况。

（2）作业考核：工作页的完成、课后练习等情况。

（3）阶段考核：纸笔测试、实操测试、口述测试。

2. 终结性考核（30%）

学生根据任务中的情境描述，制定车床夹具的制作方案，设计并绘制车床夹具的零件图与装配图，按照安全文明操作规程与行业规范标准，在规定时间内完成薄壁衬套车床夹具零件的加工，并组装夹具，达到其精度要求。

考核任务案例：薄壁衬套车床夹具（螺纹心轴）的设计与制作。

【情境描述】

公司需生产一批薄壁衬套，由于薄壁衬套加工时夹持困难，为按工期完成薄壁衬套的生产任务，公司委托生产车间设计与制作一批薄壁衬套车床夹具（螺纹心轴），数量为30件，工期为3天。现车间安排车工组完成该任务。

【任务要求】

根据任务的情境描述，按照任务要求、技术要求和行业规范标准，在3天内完成螺纹心轴的设计、零件加工与装配。

（1）列出需要向生产主管了解的信息。

（2）按照任务要求和技术要求，制定螺纹心轴的设计与制作方案，并绘制螺纹心轴的零件图与装配图。

（3）制定螺纹心轴加工工艺并编写加工工艺卡。

（4）确定螺纹心轴零件加工所需的工具、量具、刀具。

（5）领取工具、量具、刀具和材料，完成螺纹心轴的加工。

（6）规范地填写工作记录表，并及时提交生产主管，按照现场管理规定整理作业现场。

（7）对工作进行归纳、总结，并对加工工艺及工作流程提出改进建议。

（8）能遵守职业道德，具备环保意识和成本意识，养成爱护设备设施、文明生产等良好的职业素养。

【参考资料】

完成上述任务时，可以使用所有的常见教学资料，如工作页、教材、工作任务单、操作规程、技术手册、机床使用说明书等。

（十二）操作现场指导与技术培训课程标准

工学一体化课程名称	操作现场指导与技术培训	基准学时	90
典型工作任务描述			

车工的操作现场指导是指车工技师在生产作业现场对中级、高级车工进行操作规范、作业流程、技术疑难和方案优化等方面的指导。车工的技术培训是指车工技师对中级、高级车工进行操作规范、工艺制定、精度检验及加工误差分析等理论知识和操作技能的培训。

由于中级、高级车工在职业素质、操作能力等方面存在不足，因此他们所承担的加工任务的质量、工作效率必然受到影响。这就需要车工技师对他们的工作过程进行指导或开展专门的技术培训，以提升他们的操作技能水平和作业的规范程度，从而最大限度地提升企业的效益。

车工技师在生产质量监控过程中，发现中级、高级车工操作不规范、工艺错误，或碰到技术疑难等问题时，可根据操作规程和技术标准，采用现场讲解、示范操作、小组讨论等方式对他们的工作进行指导，使其提高操作水平，养成规范、安全的作业习惯。对于中级、高级车工操作中普遍存在的问题或遇到复杂零件、难加工材料的加工及需运用新技术和新的精度检验方法时，车工技师可采取集中授课的方式对中级、高级车工进行车床操作技能、工艺制定、夹具制作、精度检测等专项培训。

车工技师撰写的培训内容要结合生产需要，具有针对性，使中级、高级车工通过培训提升加工质量和工作效率。在工作过程中，操作人员应严格执行企业操作规程、常用量具的保养规范、企业质量管理制度、安全生产制度、环保管理制度、现场管理制度等。

工作内容分析

工作对象：	工具、材料、设备与资料：	工作要求：

工作对象：

1. 工作任务单的领取及阅读分析；

2. 技术手册及标准的查阅、技术资料的识读；

3. 设备、工具、量具、夹具、材料、辅具等的准备；

4. 车工操作现场指导与技术培训的实施；

5. 已完成操作现场指导与技术培训工作的自检。

工具、材料、设备与资料：

1. 工具：通用工具（锉刀、钳子、铜锤）、车床专用工具（卡盘扳手、刀架台扳手）、刀具、夹具、量具（游标卡尺、千分尺、检验棒）等；

2. 材料：毛坯（按备料通知单准备）、个人防护用品、切削液、润滑油、清洗剂、毛刷等；

3. 设备：普通车床、砂轮机、多媒体教学设备等；

4. 资料：工作任务单、操作规程、技术手册、工艺文件、技术资源库等。

工作方法：

1. 工作任务单的使用方法，技术手册的查阅方法，设备保养方法；

2. 操作现场指导方法；

3. 技术培训方法；

4. 记录、评价、反馈、存档的方法。

劳动组织方式：

1. 以独立或小组合作的方式进行；

2. 从班组长处领取工作任务单，从仓库领取工具、量具、夹具、刀具、毛坯材料及教学用具等；

3. 实施操作现场指导与技术培训；

4. 操作现场指导和技术培训完毕，进行记录、评价、反馈和存档。

工作要求：

1. 依据工作任务单，明确指导和培训时间、目标与要求等，明确技术手册查阅范围，制定操作现场指导与技术培训方案；

2. 按照操作现场指导与技术培训方案的要求准备设备、工具、量具、刀具、材料、辅具；

3. 按照企业工作规范完成操作现场指导与技术培训；

4. 工作过程中具有一定的质量和成本意识，并遵守企业的安全生产制度、环保管理制度以及现场管理规定；

5. 对已完成的操作现场指导与技术培训工作进行自检，并进行记录、评价、反馈和存档。

课程目标

学习完本课程后，学生应当能够胜任操作现场指导与技术培训的工作，包括：

1. 操作现场指导

（1）在进行生产质量现场管理过程中，能根据作业规范和管理制度，及时发现和纠正中级、高级车工违规操作、工作流程错误等问题，确保工作质量，消除安全隐患。

（2）能按照岗位工作职责的要求，分析、解答中级、高级车工在操作过程中遇到的技术方面的疑难问题，并根据作业规范与技术标准，采取现场讲解、示范操作、小组研讨等方法对操作工进行指导，提升其操作技术水平。

（3）能通过检查中级、高级车工的作业流程、作业规范及作业质量，判断其安全规范作业习惯的养成情况和操作技能的提升情况，并做好考核记录。

2. 技术培训

（1）能与培训主管等相关人员进行有效沟通，明确培训内容、时间和要求。

（2）能根据企业需求，制定培训方案。

（3）能依据培训方案，培训员工达到中、高级工的技能水平。

（4）能规范地填写工作记录表，并对培训方案及工作流程提出改进建议。

（5）能对工作进行总结，并及时提交培训主管，按照现场管理规定整理作业现场。

（6）能遵守职业道德，具备环保意识和成本意识，养成爱护设备设施、文明生产等良好的职业素养。

3. 在工作过程中，能自我约束、服从管理、尊重他人，认真听取他人想法，进行有效的沟通与合作，创造积极向上的工作氛围。

学习内容

本课程的主要学习内容包括：

一、工作任务单的领取及阅读分析

实践知识：工作任务单的领取及阅读分析；操作现场指导与技术培训相关技术手册、培训手册及教材的使用；高级车工车床操作技能培训方案的制定。

理论知识：理论培训的目的；生产现场指导与培训要求、标准及内容；技术培训和操作指导的内容。

二、技术手册及标准的查阅、图样的识读

实践知识：学员培训中进行现场讲解与示范操作。

理论知识：操作技能培训与指导的任务；操作技能培训与指导的要求；高级车工操作规范。

三、设备、工具、量具、夹具、材料、辅具等的准备

实践知识：操作现场车削加工技术指导的实施；指导测量技术，使用各种量具进行演示。

理论知识：车间质量管理；工序质量控制；现场指导技术；企业的安全生产制度、环保管理制度以及现场管理规定。

四、车工操作现场指导与技术培训的实施

实践知识：操作规程和技术标准规范的执行；培训记录手册的填写；技术培训的实施；操作现场指导的实施。

理论知识：企业质量管理制度。

五、已完成零件的自检、互检。

实践知识：一体化学习工作站的整理；培训总结方案的撰写。

理论知识：考核记录的填写方法；培训心得的撰写内容。

六、通用能力、职业素养、思政素养

自主学习、自我管理、信息检索、理解与表达、交往与合作、创新思维、解决问题等通用能力，安全意识、质量意识、规范意识、效率意识、成本意识、环保意识、市场意识、服务意识等职业素养，以及劳模精神、劳动精神、工匠精神等思政素养。

参考性学习任务

序号	名称	学习任务描述	参考学时
1	操作现场指导	车间准备实施现场管理规定，为了使员工尽快适应管理要求，车间主管安排车工技师负责机加工车间的操作现场指导任务，要求在1周内使整体安全生产意识和车削质量有全面的提升。 培训人员从班组长处领取工作任务单，依据企业操作规程，查阅现场管理规定、技术手册，制订操作现场指导计划；根据工作任务单准备相关材料、工具、量具、刀具、夹具及机床设备。按照指导计划进行现场演示与指导，及时做好各项记录及改进举措。对操作现场指导情况进行记录、评价、反馈和存档。 培训人员应严格遵守安全文明生产规程，规范使用相关器材，执行企业的安全生产制度、环保管理制度以及现场管理规定；全面、及时地记录有关数据，提交指导报告和指导工作总结并存档。	40
2	技术培训	某企业招收了一批技工院校毕业生，职业技能等级为车工中级，委托生产车间的车工技师对他们进行新员工入厂教育和中级车工技术培训，时间为2周。 培训人员从生产主管处接受工作任务单，确定培训要求并签字确认。根据任务要求，查阅国家职业技能标准及相关资料，在全面分析的基础上，确定技术培训方案，编写教案，准备有关的教具材料，完成技术培训任务并提交培训报告和培训工作总结。 培训人员应严格遵守安全文明生产规程，规范使用相关器材，执行企业的安全生产制度、环保管理制度以及现场管理规定；全面、及时地记录有关数据，提交培训报告和培训工作总结并存档。	50

教学实施建议

1. 教学组织方式方法建议

运用行动导向的教学方法。为确保教学安全，增强教学效果，建议采用分组教学的方式（3~4人/组）；在完成工作任务的过程中，教师给予适当指导，注意培养学生独立分析与解决专业问题的能力。

2. 教学资源配置建议

（1）教学场地

操作现场指导与技术培训一体化学习工作站须具备良好的安全、照明和通风条件，可分为集中教学区、分组教学区、信息检索区、工具存放区、材料存放区和成果展示区，并配备多媒体教学设备与资料等。

（2）工具、材料、设备（按组配置）

通用工具（锉刀、钳子、铜锤）、车床专用工具（卡盘扳手、刀架台扳手）、刀具、夹具、量具（游标卡尺、千分尺、检验棒）、毛坯（按备料通知单准备）、个人防护用品、切削液、润滑油、清洗剂、毛刷、普通车床、砂轮机、多媒体教学设备等。

（3）教学资料

以工作页为主，配备教材、工作任务单、技术手册、机床使用说明书、工作记录表和行业、企业规范标准等。

教学考核要求

采用过程性考核和终结性考核相结合的方式。课程考核成绩 = 过程性考核成绩 × 70%+ 终结性考核成绩 × 30%。

1. 过程性考核（70%）

采用自我评价、小组评价和教师评价相结合的方式进行考核；让学生学会自我评价，教师要观察学生的学习过程，结合学生的自我评价、小组评价进行总评并提出改进建议。

（1）课堂考核：出勤、学习态度、课堂纪律、小组合作与展示等情况。

（2）作业考核：工作页的完成、课后练习等情况。

（3）阶段考核：纸笔测试、实操测试、口述测试。

2. 终结性考核（30%）

学生根据任务中的情境描述，制定操作现场指导与技术培训的实施方案，并按照行业、企业规范标准，在规定时间内完成操作现场指导与技术培训任务，达到客户要求。

考核任务案例："车工安全文明生产规程"现场指导与技术培训。

【情境描述】

某企业招收了 8 个技工院校毕业生，职业技能等级是车工高级，委托生产车间车工技师对其进行"车工安全文明生产规程"现场指导与技术培训，时间为 2 天。

【任务要求】

根据任务的情境描述，按照职业技能标准、技术要求和行业、企业规范标准，在 2 天内完成"车工安全文明生产规程"现场指导与技术培训任务。

（1）列出需要向生产主管了解的信息。

（2）按照现场指导与技术培训任务的要求制订计划，确定《国家职业技能标准——车工》、车工安全文明生产规程、行业质量管理规定和管理流程、现场管理规定、环保标准等现场指导与技术培训任务的内容，并编写教案。

（3）准备培训场地及相关培训设备设施等。

（4）实施"车工安全文明生产规程"现场指导与技术培训。

（5）规范地填写工作记录表，并及时提交生产主管，按照现场管理规定整理作业现场。

（6）对工作进行归纳、总结，并对现场指导与技术培训工作流程提出改进建议。

（7）能遵守职业道德，具备环保意识和成本意识，养成爱护设备设施、文明生产等良好的职业素养。

【参考资料】

完成上述任务时，可以使用所有的常见教学资料，如工作页、教材、工作任务单、操作规程、技术手册、机床使用说明书、《国家职业技能标准——车工》等。

六、实施建议

（一）师资队伍

1. 师资队伍结构。应配备一支与培养规模、培养层级和课程设置相适应的业务精湛、素质优良、专兼结合的工学一体化教师队伍。中、高级技能层级的师生比不低于 1∶20，兼职教师人数不得超过教师总数的三分之一，具有企业实践经验的教师应占教师总数的 20%以上；预备技师（技师）层级的师生比不低于 1∶18，兼职教师人数不得超过教师总数的三分之一，具有企业实践经验的教师应占教师总数的 25%以上。

2. 师资资质要求。教师应符合国家规定的学历要求并具备相应的教师资格。承担中、高级技能层级工学一体化课程教学任务的教师应具备高级及以上职业技能等级；承担预备技师（技师）层级工学一体化课程教学任务的教师应具备技师及以上职业技能等级。

3. 师资素质要求。教师思想政治素质和职业素养应符合《中华人民共和国教师法》和教师职业行为准则等要求。

4. 师资能力要求。承担工学一体化课程教学任务的教师应具有独立完成工学一体化课程相应学习任务的工作实践能力。三级工学一体化教师应具备工学一体化课程教学实施、工学一体化课程考核实施、教学场所使用管理等能力；二级工学一体化教师应具备工学一体化学习任务分析与策划、工学一体化学习任务考核设计、工学一体化学习任务教学资源开发、工学一体化示范课设计与实施等能力；一级工学一体化教师应具备工学一体化课程标准转化与设计、工学一体化课程考核方案设计、工学一体化教师教学工作指导等能力。一级、二级、三级工学一体化教师比以 1∶3∶6 为宜。

（二）场地设备

教学场地应满足培养要求中规定的典型工作任务实施和相应工学一体化课程教学的环境及设备设施要求，同时应保证教学场地具备良好的安全、照明和通风条件。其中校内教学场地和设备设施应能支持资料查阅、教师授课、小组研讨、任务实施、成果展示等活动的开展；企业实训基地应具备工作任务实践与技术培训等功能。

其中，校内教学场地和设备设施应按照不同层级技能人才培养要求中规定的典型工作任务实施要求和工学一体化课程教学需要进行配置。具体包括如下要求：

1. 实施简单零件钳加工工学一体化课程的手工制作学习工作站，应配备台式钻床、砂轮机等设备，钳工实训工作台、划线平板等设施，常用钳工工具（如锉刀、手锯、丝锥、麻花钻、铰刀）、量具（如游标卡尺、千分尺、百分表）等工具材料，以及计算机、投影仪、多功能一体机等多媒体教学设备。

2. 实施简单零件普通车床加工、复杂零件普通车床加工、特殊零件普通车床加工与工艺编制、操作现场指导与技术培训工学一体化课程的普通车床加工学习工作站，应配备普通车床、砂轮机等设备，工具柜等设施，常用车工刀具（如外圆车刀、端面车刀、切槽车刀、内孔车刀、螺纹车刀、麻花钻）、量具（如游标卡尺、千分尺、百分表）等工具材料，以及计算机、投影仪、多功能一体机等多媒体教学设备。

3. 实施简单零件普通铣床加工工学一体化课程的普通铣床加工学习工作站，应配备普通铣床、砂轮机等设备，工具柜、刀具车等设施，常用铣工刀具（如面铣刀、键槽铣刀、立铣刀、麻花钻）、夹具（如机用平口钳、三爪自定心卡盘）、量具（如游标卡尺、千分尺、游标深度卡尺、百分表）等工具材料，以及计算机、投影仪、多功能一体机等多媒体教学设备。

4. 实施简单零件数控车床加工、零件数控车床编程与加工、零件辅助设计与制造工学一体化课程的数控车床加工学习工作站，应配备数控车床、砂轮机、压缩空气供给系统等设备，工具柜、刀具车等设施，常用车工刀具（如外圆刀、外沟槽刀、内沟槽刀、内孔刀、螺纹刀、麻花钻）、夹具（如三爪自定心卡盘）、量具（如游标卡尺、千分尺、游标深度卡尺、百分表、杠杆百分表）等工具材料，以及计算机、投影仪、多功能一体机等多媒体教学设备。

5. 实施车床精度检测与调整工学一体化课程的设备维护与调整学习工作站，应配备普通车床等设备，检测样件、试件、平板及拆卸工具（如扳手、旋具、铜锤）、检验工具（如百分表、杠杆百分表、水平仪）等工具材料，以及计算机、投影仪、多功能一体机等多媒体教学设备。

6. 实施产品质量检测与管理工学一体化课程的产品检测学习工作站，应配备影像仪、表面粗糙度测量仪、打印机、压缩空气供给系统等设备，检测样件、试件、平板及游标卡尺、千分尺、百分表、量具附件等工具材料，以及计算机、投影仪、多功能一体机等多媒体教学设备。

7. 实施车床夹具设计与制作工学一体化课程的手工制作、普通车床加工、普通铣床加工、计算机辅助设计与制造、数控车床加工学习工作站，应配备台式钻床、普通车床、普通铣床、数控车床、砂轮机、压缩空气供给系统等设备，钳工实训工作台、划线平板、工具柜、刀具车等设施，钳工工具、车工工具、铣工工具、量具、夹具等工具材料，以及计算机、投影仪、多功能一体机等多媒体教学设备。

上述学习工作站建议每个工位以 3～4 人学习与工作的标准进行配置。

（三）教学资源

教学资源应按照培养要求中规定的典型工作任务实施要求和工学一体化课程教学需要进行配置。具体包括如下要求：

1. 实施简单零件钳加工工学一体化课程宜配置钳工工艺学、机械制图、机械基础、极限配合与技术测量、金属材料与热处理、机械制造工艺基础、电工学等教材及相应的工作页、信息页、教学课件、操作规程、典型案例、技术规范、技术标准和数字化资源等。

2. 实施简单零件普通车床加工、复杂零件普通车床加工、特殊零件普通车床加工与工艺编制工学一体化课程宜配置车工工艺学、机械制图、机械基础、极限配合与技术测量、金属材料与热处理、机械制造工艺基础、电工学等教材及相应的工作页、信息页、教学课件、操作规程、典型案例、技术规范、技术标准和数字化资源等。

3. 实施简单零件普通铣床加工工学一体化课程宜配置铣工工艺学、机械制图、机械基础、极限配合与技术测量、金属材料与热处理、机械制造工艺基础、电工学、金属切削原理与刀具等教材及相应的工作页、信息页、教学课件、操作规程、典型案例、技术规范、技术标准和数字化资源等。

4. 实施简单零件数控车床加工、零件数控车床编程与加工、零件辅助设计与制造工学一体化课程宜配置数控车床编程与操作、机械制图、机械基础、极限配合与技术测量、金属材料与热处理、机械制造工艺基础、电工学等教材及相应的工作页、信息页、教学课件、操作规程、典型案例、技术规范、技术标准和数字化资源等。

5. 实施车床精度检测与调整工学一体化课程宜配置机床设备维护与调整、机械制图、机械基础、极限配合与技术测量、金属材料与热处理、机械制造工艺基础、机床电气控制等教材及相应的工作页、信息页、教学课件、操作规程、典型案例、技术规范、技术标准和数字化资源等。

6. 实施产品质量检测与管理工学一体化课程宜配置产品质量检测与管理、机械制图、机械基础、极限配合与技术测量、金属材料与热处理、机械制造工艺基础等教材及相应的工作页、信息页、教学课件、操作规程、典型案例、技术规范、技术标准和数字化资源等。

7. 实施车床夹具设计与制作工学一体化课程宜配置夹具设计与制作、机械制图、机械基础、极限配合与技术测量、金属材料与热处理、机械制造工艺基础、工程力学、液压传动与气动技术、机床夹具等教材及相应的工作页、信息页、教学课件、操作规程、典型案例、技术规范、技术标准和数字化资源等。

8. 实施操作现场指导与技术培训工学一体化课程宜配置技术指导与人员培训、技师综合实践与毕业设计指导等教材及相应的工作页、信息页、教学课件、操作规程、典型案例、技术规范、技术标准和数字化资源等。

（四）教学管理制度

本专业应根据培养模式提出的培养机制实施要求和不同层级运行机制需要，建立有效的教学管理制度，包括学生学籍管理、专业与课程管理、师资队伍管理、教学运行管理、教学安全管理、岗位实习管理、学生成绩管理等文件。其中，中级技能层级的教学运行管理宜采用"学校为主、企业为辅"校企合作运行机制；高级技能层级的教学运行管理宜采用"校企双元、人才共育"校企合作运行机制；预备技师（技师）层级的教学运行管理宜采用"企业为主、学校为辅"校企合作运行机制。

七、考核与评价

（一）综合职业能力评价

本专业可根据不同层级技能人才培养目标及要求，科学设计综合职业能力评价方案并对学生开展综合职业能力评价。评价时应遵循技能评价的情境原则，让学生完成源于真实工作的案例性任务，通过对其工作行为、工作过程和工作成果的观察分析，评价学生的工作能力和工作态度。

评价题目应来源于本职业（岗位或岗位群）的典型工作任务，是通过对从业人员实际工作内容、过程、方法和结果的提炼概括形成的具有普遍性、稳定性和持续性的工作项目。题目可包括仿真模拟、客观题、真实性测试等多种类型，并可借鉴职业能力测评项目以及世界技能大赛项目的设计和评估方式。

（二）职业技能评价

本专业的职业技能评价应按照现行职业资格评价或职业技能等级认定的相关规定执行。中级技能层级宜取得车工四级／中级工职业技能等级证书；高级技能层级宜取得车工三级／高级工职业技能等级证书；预备技师（技师）层级宜取得车工二级／技师职业技能等级证书。

（三）毕业生就业质量分析

本专业应对毕业后就业一段时间（毕业半年、毕业一年等）的毕业生开展就业质量调查，宜从毕业生规模、性别、培养层次、持证比例等多维度分析毕业生的总体就业率、专业对口就业率、稳定就业率、就业行业岗位分布、就业地区分布、薪酬待遇水平以及用人单位满意度等。通过开展毕业生就业质量分析，持续提升本专业建设水平。